机械制造工艺设计

王玉军　著

延边大学出版社

图书在版编目（CIP）数据

机械制造工艺设计 / 王玉军著. -- 延吉 ： 延边大
学出版社，2022.8
ISBN 978-7-230-03297-1

Ⅰ．①机… Ⅱ．①王… Ⅲ．①机械制造工艺－工艺设
计 Ⅳ．①TH162

中国版本图书馆CIP数据核字(2022)第147898号

机械制造工艺设计

著　　者：王玉军
责任编辑：董　强
封面设计：正合文化
出版发行：延边大学出版社
社　　址：吉林省延吉市公园路977号　　　　邮　　编：133002
网　　址：http://www.ydcbs.com　　　　E-mail：ydcbs@ydcbs.com
电　　话：0433-2732435　　　　　　　　传　　真：0433-2732434
印　　刷：天津市天玺印务有限公司
开　　本：710×1000　1/16
印　　张：16.5
字　　数：220 千字
版　　次：2022 年 8 月 第 1 版
印　　次：2024 年 6 月 第 2 次印刷
书　　号：ISBN 978-7-230-03297-1

定价：78.00元

前　言

　　机械制造工艺设计是机械制造和机械加工的前提条件。进行机械制造工艺设计需要结合现代社会对机械的具体要求，有效分析机械结构和机械性能，合理地组合和安排零部件。无论是机械制造工艺还是机械制造工艺设计，都是机械工业发展的必备条件。目前，中国工业化水平持续提升，现代工业对机械的要求越来越高，现代机械需要简化操作流程，提高操作效率，融入绿色环保理念。因此，面对多元化的工业需求，需要从多角度合理优化机械制造工艺设计的方法。

　　机械制造工艺设计是机械工业生产的重要手段，其设计和加工制造过程都有自身显著的特点。机械制造工艺设计离不开先进科技手段的运用，现代人工智能和高科技技术的发展使机械制造工艺设计拥有了全新的理念。机械制造工艺设计与机械制造工艺相辅相成，机械制造工艺设计是辅助机械制造工艺发展的关键，机械制造工艺的发展也会验证机械制造工艺设计的合理性。合理的机械制造工艺设计不仅可以保证整个机械制造工艺的科学化、高效化，还可以提升机械产品的质量和机械制造企业的经济效益。

　　因此，设计人员需要对机械制造工艺设计进行深入的探索和挖掘，倡导绿色设计理念，注重机械加工表面质量，进行方案的设计与规划，提升机械制造工艺的质量，满足社会对机械制造的要求，让机械制造行业朝着合理、科学、可持续发展的方向前进。

　　本书共分四章，对机械制造工艺设计进行了概述，并分别对机械制造工艺规程设计、机械制造工艺装备设计、典型机械零件加工工艺进行了简单的分析、探讨，希望能够为相关的设计人员提供参考。由于时间仓促，加之笔者水平有限，书中难免有一些疏漏和不足之处，希望广大读者批评指正，笔者对此不胜感激。

王玉军

2022 年 5 月

目　　录

第一章　机械制造工艺设计概述

第一节　机械制造工艺设计
相关概念

一、生产系统和生产过程

（一）生产系统

生产系统是以机械制造企业为依托，根据市场调查结果、生产条件等客观因素，决定产品的种类和产量，制定生产计划，进而进行产品的设计、开发与制造的有机集成系统。它包括生产线技术准备、原材料运输与保管、毛坯制造、机械加工与热处理、零部件装配、调试检验与试车、油漆、包装等所有生产制造活动，还包括市场动态调查、政策决策、劳动力及能源资源调配、相关环境保护等各种生产经营管理活动。

图 1-1 为典型的生产系统框图，点画线内为生产系统，点画线外为该系统的外部环境。由图 1-1 可以看出，整个生产系统可分为决策层、计划管理层、生产技术层等三个层次。以生产技术层为主体的生产过程又称为制造系统，而制造系统又可分为以生产对象及工艺设备为主体的"物质流"、以生产技术管理及工艺指导信息为主体的"信息流"和提供动力源以保证生产活动正常进行的"能量流"。

1

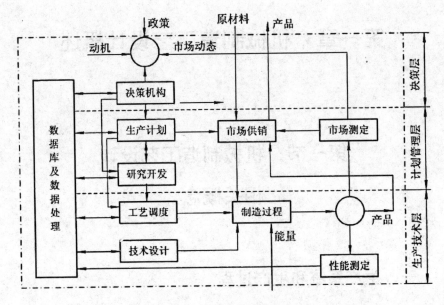

图 1-1 生产系统框图

在制造系统中，机械加工所涉及的机床、刀具、夹具、辅具和工件的相对独立统一体称为工艺系统。工艺系统各环节间相互依赖和配合，实现机械加工功能。工艺系统自身的状态及性能对工件加工质量的影响很大。

（二）生产过程

在生产系统中，由原材料运输和保管、生产准备、毛坯制造、机械加工、零部件装配、调试检验到成品包装等各个相互关联的生产制造活动的总和称为生产过程。

一台设备往往由几十个甚至上千个零件组成，其生产过程相当复杂。另外，设备的用途、复杂程度、生产数量不同，其生产过程也不同。为了便于组织生产和提高劳动生产率，现代机械工业的发展更趋向于组织专业化生产。例如，生产一台比较复杂的设备，通常会按各部分的功能及工艺、专业化分类分散在若干个工厂中进行，最后集中到一个工厂里制成完整的机械产品，这样有利于零部件的标准化和通用化，同时降低了成本，提高了生产率。这就要求一些企业负责零部件制造，另一些企业负责将完成的零部件组装成产品，因此生产过程可以理解为企业或生产单位针对零部件或整机制造的过程。

生产过程可以分为主要过程和辅助过程两部分。主要过程是与原材料、半成品或成品直接有关的过程，称为工艺过程。工艺过程包括铸造、锻压、焊接、切削加工、热处理和装配等。辅助过程是与原材料、半成品或成品间接有关的过程，如工艺设备的制造、原材料的供应、工件的运输和储存、设备的维修及动力的供应等。

二、工艺过程的概念及组成

（一）工艺过程的概念

采用机械加工的方法，直接改变毛坯的形状、尺寸和表面质量等，使其成为零件的过程称为机械加工工艺过程（以下简称为工艺过程）。

（二）工艺过程的组成

工艺过程往往是比较复杂的。在工艺过程中，根据被加工零件的结构特点、技术要求，在不同的生产条件下，需要采用不同的加工方法及加工设备，并通过一系列加工步骤，才能使毛坯成为零件。为了便于深入细致地分析工艺过程，必须研究工艺过程的组成，并对它们进行科学的定义。

工艺过程是由一个或若干个按一定顺序排列的工序组成的，而工序又包括安装、工位、工步和行程等内容，毛坯依次通过这些工序就成了成品。

1.工序

一个或一组工人，在一个工作地对同一个或同时对几个工件所连续完成的那一部分工艺过程，称为工序。划分工序的主要依据是工作地是否变动和工作是否连续。以阶梯轴的生产为例，阶梯轴如图1-2所示，当生产量较小时，其工序划分见表 1-1；当生产量较大时，其工序划分见表 1-2。

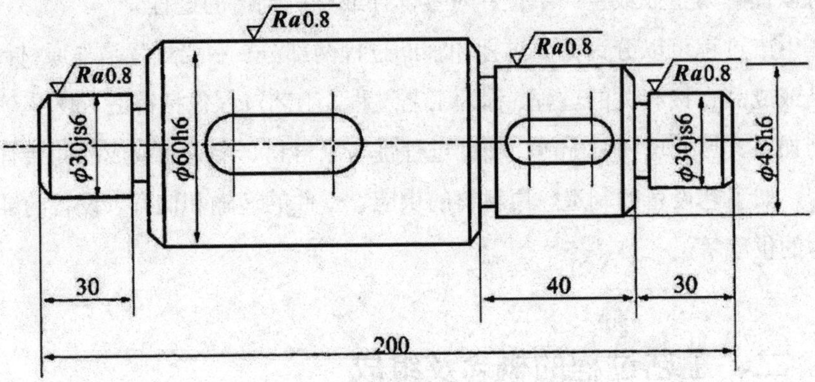

图 1-2　阶梯轴简图（mm）

在表 1-1 中，工序 2 是先车一个工件的一端，然后调头装夹，再车另一端。如果先车好一批工件的一端，然后调头再车这批工件的另一端，这时对每个工件来说，两端的加工已不连续，所以即使在同一台车床上加工也应算作两道工序。

工序是组成工艺过程的基本单元，也是生产计划的基本单元。

表 1-1　阶梯轴工序（生产量较小时）

工序号	工序内容	设备
1	车端面，钻中心孔	车床
2	车外圆，车槽和倒角	车床
3	铣键槽，去毛刺	铣床
4	磨外圆	磨床

表 1-2　阶梯轴工序（生产量较大时）

工序号	工序内容	设备
1	铣端面，钻中心孔	铣端面钻中心孔机床
2	车一端外圆，车槽和倒角	车床
3	车另一端外圆，车槽和倒角	车床

续表

工序号	工序内容	设备
4	铣键槽	铣床
5	去毛刺	钳工台
6	磨外圆	磨床

2.工位

为了减少工件的装夹次数,常采用各种回转工作台、回转夹具或移动夹具,使工件在一次装夹中,先后处于几个不同的位置进行加工。

为了完成一定的工序部分,一次装夹工件后,工件(或装配单元)与夹具或设备的可动部分一起相对刀具或设备的固定部分所占据的每一个位置,称为工位。如表 1-2 中的工序 1 铣端面、钻中心孔就是两个工位,工件装夹后,先铣端面,然后移动到另一位置钻中心孔,如图 1-3 所示。

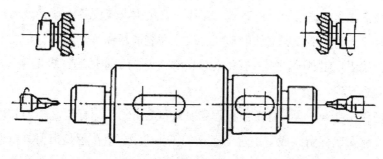

图 1-3　铣端面和钻中心孔

3.工步

在加工表面(或装配时的连接表面)和加工(或装配)工具不变的情况下,连续完成的那一部分工序称为工步。如表 1-1 中的工序 1,每个安装中都有车端面、钻中心孔两个工步。为简化工艺文件,那些连续进行的若干个相同的工步,通常都看作一个工步。例如,加工如图 1-4 所示的零件,在同一工序中,连续钻四个 $\phi 15$ mm 的孔,就可看作一个工步。

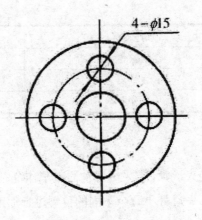

图 1-4 简化相同工步的实例

为了提高生产率，用几把刀具同时加工几个表面，这也可看作一个工步，称为复合工步。如图 1-3 所示的铣端面、钻中心孔，在每个工位都是用两把刀具同时铣两端面或钻两端中心孔，它们都是复合工步。

除上述工步概念外，还有辅助工步，它是由人或设备连续完成的一部分工序，该部分工序不改变工件的形状、尺寸和表面粗糙度，但它是完成工步所必需的，如更换工具等。引入辅助工步的概念是为了能精确计算工步和工时。

4.行程

行程（进给次数）有工作行程和空行程之分。工作行程是指刀具以加工进给速度相对工件所完成一次进给运动的工步部分；空行程是指刀具以非加工进给速度相对工件所完成一次进给运动的工步部分。

三、生产纲领、生产类型及其工艺特征

各种机械产品的结构、技术要求等差异很大，但它们的制造工艺存在着很多共同的特征。这些共同特征取决于企业的生产类型，而企业的生产类型又由企业的生产纲领决定。

（一）生产纲领

生产纲领是指企业在计划期内应当生产的产品产量和进度计划。计划期常定为 1 年，所以生产纲领也称年产量。零件的生产纲领要计入备品和废品的数量，其计算式为：

$$N = Qn（1+\alpha）（1+\beta）. \tag{1-1}$$

式中：N 为零件的年产量，单位为件/年；Q 为产品的年产量，单位为台/年；n 为每台产品中该零件的数量，单位为件/台；α 为备品的百分率；β 为废品的百分率。

（二）生产类型

生产类型是指企业（或车间、工段、班组、工作地）生产专业化程度的分类，一般分为单件生产、大量生产和成批生产三种类型。

1.单件生产

产品品种很多，同一产品的产量很少，各个工作地的加工对象经常改变，而且很少重复生产，如重型机械制造、专用设备制造和新产品试制都属于单件生产。

2.大量生产

产品的产量很大，大多数工作地按照一定的生产节拍（即在流水生产中，相继完成两件制品的时间间隔）进行某种零件的某道工序的重复加工，如汽车、拖拉机、自行车、缝纫机和手表的制造一般属于大量生产。

3.成批生产

一年中分批轮流地制造几种不同的产品，每种产品均有一定的数量，工作地的加工对象周期性地重复，如机床、机车、电机和纺织机械的制造一般属于成批生产。

每一次投入或产出的同一产品（或零件）的数量称为生产批量，简称批量。批量可根据零件的年产量及一年中的生产批数计算确定。一年中的生产批数根据用户的需要、零件的特征、流动资金的周转、仓库容量等具体情况确定。

按批量的多少，成批生产又可分为小批生产、中批生产和大批生产三种。在工艺上，小批生产和单件生产相似，两者常合称为单件小批生产；大批生产和大量生产相似，两者常合称为大批大量生产。

生产类型的具体划分，可根据生产纲领、产品及零件的特征或工作地每月担负的工序数，参考表 1-3 确定。表 1-3 中的轻型、中型和重型零件可参考表 1-4 所列数据确定。

表 1-3　生产类型和生产纲领等的关系

生产类型	生产纲领/（台·年$^{-1}$或件·年$^{-1}$）			工作地每月担负的工序数/（工序数·月$^{-1}$）
	轻型机械或轻型零件	中型机械或中型零件	重型机械或重型零件	
单件生产	≤100	≤10	≤5	不作规定
小批生产	>100～500	>10～150	>5～100	>20～40
中批生产	>500～5 000	>150～500	>100～300	>10～20
大批生产	>5 000～50 000	>500～5 000	>300～1 000	>1～10
大量生产	>50 000	>5 000	>1 000	1

根据上述划分生产类型的方法可以发现，同一企业或车间可能同时存在几种生产类型的生产。企业或车间的生产类型，应根据企业或车间中占主导地位的工艺过程的性质来确定。

表 1-4　不同机械产品的零件质量型别（kg）

机械产品类别	零件的质量		
	轻型零件	中型零件	重型零件
电子机械	≤4	>4～30	>30
机床	≤15	>15～50	>50
重型机械	≤100	>100～2 000	>2 000

（三）各种生产类型的工艺特征

生产类型不同，零件和产品的制造工艺、工艺设备、对工人的技术要求、采取的技术措施和达到的技术经济效果也会不同。各种生产类型的工艺特征归纳见表 1-5。在制订零件工艺规程时，应先确定生产类型，再参考表 1-5 确定该生产类型下的工艺特征，以使所制定的工艺规程正确合理。

表 1-5　各种生产类型的工艺特征

工艺特征	生产类型		
	单件小批	中批	大批大量
零件的互换性	用修配法，钳工修配，缺乏互换性	大部分具有互换性。当装配精度要求高时，灵活应用分组装配法和调整法，有时用修配法	具有广泛的互换性。少数装配精度较高时，采用分组装配法和调整法
毛坯的制造方法与加工余量	木模手工造型或自由锻造。毛坯精度低，加工余量大	部分采用金属模铸造或模锻。毛坯精度和加工余量中等	广泛采用金属模设备造型、模锻或其他高效方法。毛坯精度高，加工余量小
机床设备及其布置形式	采用通用机床。按机床类别采用机群式布置	采用部分通用机床和高效机床。按工件类别分工段排列设备	广泛采用高效专用机床及自动机床。按流水线和自动线排列设备
工艺设备	大多采用通用夹具、标准附件、通用刀具和万能量具。靠划线和试切法达到精度要求	广泛采用夹具，部分靠找正装夹达到精度要求。较多采用专用刀具和量具	广泛采用专用高效夹具、复合刀具、专用量具或自动检验装置。靠调整法达到精度要求
对工人的技术要求	需技术水平较高的工人	需一定技术水平的工人	对调整工的技术水平要求高，对操作工的技术水平要求较低
工艺文件	有工艺过程卡，关键工序要工序卡	有工艺过程卡，关键零件要工序卡	有工艺过程卡和工序卡，关键工序要调整卡和检验卡
成本	较高	中等	较低

表 1-5 中一些项目的结论是在传统生产条件下归纳的。大批大量生产由于采用专用高效设备，因而产品成本低，但往往不能适应多品种生产的要求；而单件小批生产由于采用通用设备，因而容易适应品种的变化，但产品成本高，有时还跟不上市场的需求。因此，目前各种生产类型的企业既要适应多品种生产的要求，又要提高经济效益，它们的发展趋势是既要朝着生产过程柔性化的方向发展，又要上规模、扩大批量，以提高经济效益。成组技术为这种发展趋势提供了重要的基础，各种现代先进制造技术都是在这种趋势下应运而生的。

四、工艺设计

工艺设计是工艺规程设计和工艺装备设计的总称，是工业企业工艺准备工作的主要组成部分。工艺规程设计主要包括：决定产品制造和质量检验的过程与方法；选择设备；确定必要的工艺装备；制订工时定额和原材料消耗定额；拟定劳动组织和生产组织等。工艺装备设计是根据工艺规程的要求，设计个工序所需要的专用工具，如冲模、压模、夹具和刃具（刀具）等。

第二节　工艺规程设计基础知识

一、工艺规程的概念

一个同样要求的零件，可以采用几种不同的工艺过程来加工，但其中总有一种工艺过程在给定的条件下是最合理的，人们把工艺过程的有关内容用文件的形式固定下来，用以指导生产，这个文件称为工艺规程。

工艺规程是组成技术文件的主要部分，是工艺装备、材料定额、工时定额设计与计算的主要依据，是直接指导工人操作的生产"法规"，它与产品成本、劳动生产率、原材料消耗有直接关系。工艺规程编制质量的高低对产品质量具有重要影响。

二、工艺规程的作用

（一）工艺规程是工厂进行生产准备工作的主要依据

产品在投入生产之前要做大量的生产准备工作，包括原材料和毛坯的供应，机床的配备和调整，专用工艺装备的设计和制造，生产成本的核算以及人员的配备等，所有这些工作都要依据工艺规程进行。

（二）工艺规程是企业组织生产的指导性文件

工厂管理人员根据工艺规程的要求，编制生产作业计划，组织工人进行生产，并按照工艺规程的要求验收产品。

（三）工艺规程是新建和扩建机械制造厂（或车间）的重要技术文件

新建和扩建机械制造厂（或车间）须根据工艺规程确定机床和其他辅助设备的种类、型号、规格和数量，厂房面积，设备布置，生产工人的工种、等级及数量等。

此外，先进的工艺规程还起着交流和推广先进制造技术的作用。典型工艺规程可以缩短工厂摸索和试制的过程。

工艺规程是经过逐级审批的，因而也是工厂生产中的工艺纪律，有关人员必须严格执行。但工艺规程也不是一成不变的，随着科学技术的进步和生产的发展，工艺规程有时会出现与生产实践不相适应的问题，因而应定期对工艺规程整理修改，及时吸取合理化建议、新技术和新工艺等，从而使工艺规程变得更加完善和合理。

三、工艺规程的形式

一般来说，工艺规程的形式按其内容详细程度，可分为以下几种：

（一）工艺过程卡

这是一种最简单和最基本的工艺规程形式，它对零件制造全过程作出粗略的描述。工艺过程卡按零件编写，标明零件加工路线、各工序采用的设备和主要工装以及工时定额。

（二）工艺卡

它一般是按零件的工艺阶段分车间、分零件编写的，包括工艺过程卡的全部内容，只是更详细地说明了零件的加工步骤。卡片上对毛坯性质、加工顺序、各工序所需设备、工艺装备要求、切削用量、检验工具及方法、工时定额等都作出具体规定，有时还需附有零件草图。

（三）工序卡

这是一种最详细的工艺规程，它是以指导工人操作为目的进行编制的，一般按零件分工序编号。卡片上包括本工序的工序草图、装夹方式、切削用量、检验工具、工艺装备以及工时定额的详细说明。

实际生产中应用什么样的工艺规程要视产品的生产类型和所加工零部件的具体情况而定。一般而言，单件小批生产的一般零件只编制工艺过程卡，内容比较简单，个别关键零件可编制工艺卡；成批生产的一般零件多采用工艺卡，对关键零件则需编制工序卡；大批大量生产的绝大多数零件，则要求有完整详细的工艺规程文件，往往需要为每一道工序编制工序卡。

四、工艺规程的类型和格式

（一）工艺规程的类型

机械科学研究院发布的指导性技术文件 JB/T 9169.5—1998《工艺管理导则 工艺规程设计》中规定工艺规程的类型如下：

1.专用工艺规程
专用工艺规程指针对每一个产品和零件所设计的工艺规程。

2.通用工艺规程
通用工艺规程分为典型工艺规程和成组工艺规程。

①典型工艺规程：为一组结构相似的零部件所设计的通用工艺规程。

②成组工艺规程：按成组技术原理将零件分类成组，针对每一组零件所设计的通用工艺规程。

3.标准工艺规程
标准工艺规程指已纳入标准的工艺规程。

（二）工艺规程的格式

为了适应工业发展的需要，加强科学管理和便于交流，机械科学研究院还制定了指导性技术文件 JB/T 9165.2—1998《工艺规程格式》，要求各机械制造厂按统一规定的格式填写工艺规程。

标准中规定了以下机械加工工艺规程格式：机械加工工艺过程卡片、机械加工工序卡片、标准零件或典型零件工艺过程卡片、单轴自动车床调整卡片、多轴自动车床调整卡片、机械加工工序操作指导卡片、检验卡片等。

五、制定工艺规程的基本要求、主要依据和步骤

（一）制定工艺规程的基本要求

制定工艺规程的基本要求是在保证产品质量的前提下，尽量提高生产率和降低成本，同时还应在充分利用本企业现有生产条件的基础上，尽可能采用国内外先进的工艺技术和经验，并保证良好的劳动条件。

由于工艺规程是直接指导生产和操作的重要技术文件，所以工艺规程还应做到正确、完整、统一和清晰，所用术语、符号、计量单位、编号等都要符合相应标准。

（二）制定工艺规程的主要依据

制定工艺规程的主要依据（即原始资料）如下：

①产品的装配图样和零件图样。

②产品的生产纲领。

③现有生产条件和资料，包括毛坯的生产条件或协作关系、工艺设备及专用设备的制造能力、有关机械加工车间的设备和工艺设备的条件、技术工人的水平以及各种工艺资料和标准等。

④国内外同类产品的有关工艺资料等。

（三）制定工艺规程的步骤

第一，分析零件图和产品装配图设计工艺规程。应分析零件图和该零件所在部件或总成的装配图，了解该零件在部件或总成中的位置和功用，以及部件或总成对该零件的技术要求，分析其主要技术关键和应相应采取的工艺

措施。

第二，对零件图和装配图进行工艺审查。审查图纸上的视图、尺寸公差和技术要求是否正确、统一、完整，对零件设计的结构工艺性进行评价，如发现有不合理之处应及时提出，并同有关设计人员商讨图纸修改方案，报主管领导审批。

第三，由产品的年生产纲领和产品自身特性研究确定零件生产类型。

第四，确定毛坯。提高毛坯制造质量，可以减少机械加工劳动量，降低机械加工成本，但同时可能会增加毛坯的制造成本，须根据零件生产类型和毛坯制造的生产条件确定毛坯制造方法。应当指出的是，我国机械制造工厂的材料利用率较低，只要条件允许，应提倡采用精密铸造、精密锻造、冷轧、冷挤压、粉末冶金等先进的毛坯制造方法。材料利用系数是衡量工艺规程设计是否合理的一个重要参数。

第五，拟定工艺路线。主要内容包括：选择定位基准，确定各加工表面的加工方法，划分加工阶段，确定工序集中和分散程度，确定工序顺序等。在拟订工艺路线时，须同时提出几种可能的加工方案，然后通过技术和经济的对比分析，最后确定一种最为合理的工艺方案。

第六，确定各工序所用机床设备和工艺装备（含刀具、夹具、量具、辅具等），对需要改装或重新设计的专用工艺装备要提出设计任务书。

第七，确定各工序的加工余量，计算工序尺寸及公差。

第八，确定各工序的技术要求及检验方法。

第九，确定各工序的切削用量和工时定额。

第十，编制工艺文件。

第三节 工艺装备设计基础知识

一、工艺装备的概念

工艺装备简称工装，是指为实现工艺规程所需的各种刀具、夹具、量具、模具、辅具、工位器具等的总称。使用工艺装备的目的有以下几个：一是完成产品的制造；二是保证加工的质量；三是提高劳动生产率；四是改善劳动条件。

在准备工装时，对通用工装只需开列明细表，交采购部门外购即可。工装的大量准备工作主要是在专用工装的设计和制造上，因为专用工装的准备工作类似于企业产品的生产技术准备工作，需要经过一整套设计、制图、制订工艺规程、二类工装准备、材料准备、毛坯的准备与加工、检验等一系列的过程。

二、工艺装备的分类

工艺装备按照其使用范围，可分为通用工艺装备和专用工艺装备两种。

（1）通用工艺装备

通用工艺装备，简称通用工装，适用于各种产品，如常用的刀具、量具，一般单件金额较低，在财务会计上作低值易耗品处理，在资产评估中几乎不会列入固定资产。

（2）专用工艺装备

专用工艺装备，简称专用工装，即仅适用于某种产品、某个零部件、某道工序的工艺装备，属专用资产，且大多单件金额较高，符合固定资产的定义和确认条件。专用工装由企业自己设计和制造，而通用工装则由专业工厂制造。专用工装的功能、用途很广，门类很多，大体上可分为以下几类：刀具（专用）；

量具（专用）；工具（专用）；夹具——机床（机械加工）夹具、焊接夹具、装配夹具、检验夹具等。

三、工艺装备的数量决定

一般而言，专用工装的数量与企业的生产类型、产品结构以及产品在使用过程中要求的可靠性等因素有关，在大批大量生产中要求多用专用工装，而单件小批生产则不宜多采用；产品结构越复杂、技术要求越高，出于加工质量考虑，也应多采用；产品和工装的系列化、标准化和通用化程度较高的工厂，专用工装的数量就可以适当减少。

此外，不同的生产阶段对工装数量的要求也不同，即使是在大批大量生产中，样品试制阶段也只对较复杂的零件设计和制造关键工装，而到了正式生产阶段，则应设计和制造工艺要求的全部工装，包括保证质量、提高效率以及减轻劳动强度等需用的工装。

具体的专用工装的数量可在制订工艺方案时，根据各行业生产和产品的特点以及企业的实际情况，参考经验数据，采用专用工装系数来计算确定，即专用工装套数＝专用工装系数×专用零件种数。

四、工艺装备的设计要求

（一）控制工艺装备设计有效性

工艺装备服务于企业生产加工机械产品，在当前市场竞争日趋白热化的背景下，机械产品更新换代非常迅速，工艺装备的设计应跟上不同机械产品批量投产需求的变化。因此，企业对工艺装备设计的有效性与准确率提出了非常高的要求。工艺装备设计有一套固定的流程，包括提出设计需求、确定设计方案、设计评审及工装检验，工艺装备设计的有效性应在这四个环节中得到有效控制。

1.提出设计需求

工艺装备设计开展的前提是有设计需求，设计时应结合需求提出者提供的设计任务书，该任务书包括产品工艺路径、工艺规程、机械产品图纸、生产节奏、推荐的定位点等内容。

2.确定设计方案

工艺装备设计成功的关键是设计方案要科学合理。在设计方案确定之前，首先要了解所需生产制造的机械产品目前使用的机床设备型号和规格，明确设备生产加工范围、当前定位及加工精度。当对机械产品生产位置有清晰了解，确定了统一的要求定位标准后，可以避免定位产生的误差。其次，要了解生产的机械产品零部件的尺寸、精度、材质、表面及内在的粗糙度、允许公差、装配关系、在机械产品中的位置与作用。最后，深入生产作业及应用现场，了解使用工艺装备的实际工况，征求相关工作人员的意见及建议，特别是拥有丰富操作经验的操作人员，必要时可以开展调研活动，确保工艺装备设计符合人机工程学原理。

3.设计评审

设计评审环节对工艺装备有效性起着关键作用。在评审团中应有专业的现场工程师与工艺设备实际使用操作者，他们的使用体验是最真实、有效的。设计评审环节能有效弥补设计方案的漏洞，拓宽设计思路，将设计不断完善，提高工艺装备设计的有效性。

4.工装检验

应采用现代化的检验方法对工艺装备的有效性进行最后把关，如使用三坐标、电子经纬仪、水准仪、射线扫描仪等专业的检验仪器，也可以借助还原模型的照相技术将实体还原，还可以借助检测焊接件的扫描式数字成像板等，对工艺装备进行检验，确定其有效性。

（二）确保工艺装备设计的高效性

在科学技术高速发展的背景下，机械产品日新月异，更换速度极快，在保证质量的前提下，提高工艺装备设计的效率成为工业发展的有效助力。工艺装备设计的效率必须匹配现代化的设计方法与科学合理的设计理念。当前新工业化背景下的两种高效设计方法为设计模块化和设计通用化。

1.设计模块化

设计模块化包含两大方面的内容：一是设计参数化模块。生产具有相同功能和原理，只是尺寸与设计参数不同的机械产品零部件时，可以运用的技术包括拓扑约束、尺寸约束、工程约束。建立系统参数化的模块，只需要输入要更改部分的参数就可以实现对应的尺寸调整，立刻得到整体结构相同但尺寸大小不同的新的机械产品部件。二是扩展化模块。扩展化模块是建立在基础型产品的基础之上的，运用扩展工艺装备功能设计，将固定、基础的机械产品模型存档在公共的位置，方便设计人员按需拷贝，然后根据实际需求快速设计出符合要求的工艺装备。

2.设计通用化

工艺装备设计通用化可以从四个方面入手：一是标准件通用化。在进行工艺装备结构设计时尽量优先选用符合国家标准、行业标准及企业标准的零部件，使得零部件具有较高的通用性。如果弃用标准件，自行设计一些形状奇特的零部件，不但不利于提高设计效率，还会增加零部件制作难度与时长。二是自制件通用化。在标准件均不合适，需要自行研发设计零部件时，在内部也必须坚持标准化、通用化、系列化原则，尽量做到一次零部件设计能满足尽量多的工艺装备使用需求，并对在设计时适用性强、使用率高的零部件统一收集，归纳整理入册入库，减少重复设计与单件制造的情况，提高设计效率。三是采购件通用化。密切关注行业工艺装备的最新动态与水平，在设计过程中更多选用专用的厂家制造工艺装备的通用零部件，更好地提高设计效率，降低制造时长。四是工艺装备通用化。在工艺装备设计过程中要考虑其通用性，尽量设计使用范围更广、适应性更强的产品，或者只需要更换少量的零部件就能适用的产品，从而最大限度地减少工艺装备的数量，减少其占用的空间与制造的费用。

（三）保持工艺装备设计的创新性

新工业时代要求机械产品有更多的创造性，工艺装备只有具备更高的先进性才能适应时代发展需求，这就要求工艺装备的设计保持创新性，把传统的经验法、类同法在偏向感性的设计基础上优化为更具系统性、逻辑性、理论性的设计方法。

1.工艺装备设计的独创性

在进行工艺装备设计时要敢于突破传统，打破常规，不断探索尝试更加科学合理的新原理、新功能等，让设计方案更新颖、独特、独创性强。

2.工艺装备设计的突破性

工艺装备设计人员要打破惯性思维，从定向思维转向发散思维，不断更新认知，采用新技术，探索新领域，接受更多新事物，多探究，寻找更好的设计方案。

3.工艺装备设计的多元性

在"互联网＋"时代背景下，工艺装备不应局限于单一的设计领域，而要融合渗透多领域、多学科。

（四）加强工艺装备设计智能化

随着信息时代的到来，计算机技术日益普及，计算机成为主流的设计工具。常用的工艺装备设计软件，如 Pro/E、UG 等，能够实现智能化处理，通过建模更容易对机械产品加工的工况进行立体描述，包括三维造型、机械动作动画分析等，迅速反映参数调整后的状态，将工程出图的速度与准确度提到更高，大幅度缩短工艺装备的设计周期，让企业更快更早地投入适用的工艺装备，获得更佳效益。同时，工艺装备设计智能化，能减少传统方法中的大量重复修改动作,从根本上减少设计工作量,让设计人员从烦琐重复的绘图、修图工作中解脱出来,将更多精力投入设计的突破创新方面,不仅提高了设计效率,更提高了设计的质量与效果。

五、工艺装备的设计内容及步骤

(一)工艺装备的设计内容

1.产品的技术要求和工艺方案

在进行工艺装备设计时,通常有样式和技术要求。产品的样式是进行工艺装备设计的基础,只有得到样式后才能根据样式进行相应的工艺装备设计。在进行工艺装备设计时,参与设计的人员必须具有相应的专业素质和知识,并且对技术的要求也十分高。在工艺装备的设计过程中,大多数的零件都需要把样式详细准确地标注在图纸上,特殊的需求还需要进行额外的批注。通常来说,工艺装备的样式只要能够展示出零件的要求和大致模型即可。同时,工艺装备的图纸不需要一次性设计完成,设计人员需要在设计的过程中对其进行不断的整改。如果是体现性能的技术或装备,那么在设计的过程中不仅需要不断整改完善,还需要预测评估其是否能够投入使用。

2.工艺装备的生产条件

企业的车间数量、工作人员数量和技术水平、生产设备等都能展示一个企业的生产条件。生产纲领是根据企业的生产条件、生产能力制定的,在制定生产纲领时需要准确地掌握企业的生产条件,合理地制定出生产纲领,杜绝跟风。如果不考虑企业的生产条件,那么制定出的生产纲领往往会造成资源浪费和经济损失,甚至还会影响企业的声誉。制定出合理的生产纲领后,应根据生产纲领的内容选择不同的生产设备和技术,以保证生产的质量。

3.相关的工艺装备标准和设备

在进行部分工艺装备设计时会有特殊的规定，这些规定不仅可以评判企业生产的工艺装备的质量，还能使企业在生产过程中有所依据。在生产工艺装备的过程中，企业要严格遵守相关的标准，严格控制产品的质量，这样不仅可以保证工艺产品的质量，也有利于提高工作效率。在进行相关的工艺装备设计时，设计人员应该多掌握与工艺装备相关的知识，保证生产出的工艺产品具有高性价，同时要与优秀的工艺装备进行对比，借鉴这些工艺装备设计中的优点。

（二）工艺装备的设计步骤

工艺装备的设计步骤如图 1-5 所示。

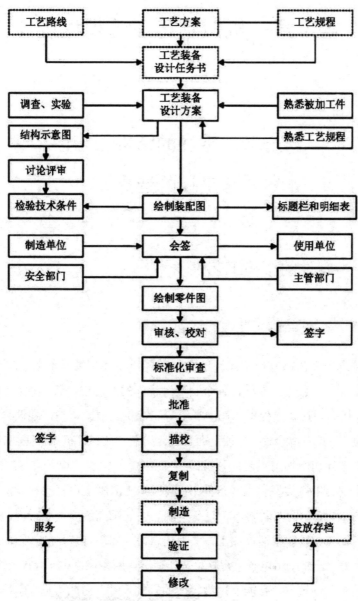

注：①虚线框图表示不属于工艺装备设计工作。
　　②会签也可酌情安排在标准化审查后进行。

图 1-5　工艺装备的设计步骤

第二章　机械制造工艺规程设计

第一节　零件的结构工艺性
与毛坯的选择

一、零件的结构工艺性

（一）零件结构工艺性的概念

零件结构工艺性是指所设计的零件在能满足使用要求的前提下制造的可行性和经济性。它包括零件在各个制造过程中的工艺性，有零件结构的铸造、锻造、冲压、焊接、热处理、切削加工等工艺性。由此可见，零件结构工艺性涉及面很广，具有综合性，必须全面综合地分析。在制订机械加工工艺规程时，主要进行零件切削加工工艺性分析。

在不同的生产类型和生产条件下，同样结构的制造可行性和经济性可能不同。如图 2-1 所示的双联斜齿轮，两齿圈之间的轴向距离很小，因而小齿圈不能用滚齿加工，只能用插齿加工，又因插斜齿需专用螺旋导轨，因而它的结构工艺性不好。若能采用电子束焊接，先分别滚切两个齿圈，再将它们焊成一体，则这样的工艺性较好，且能缩短齿轮间的轴向尺寸。由此可见，结构工艺性要根据具体的生产类型和生产条件来分析，它具有相对性。

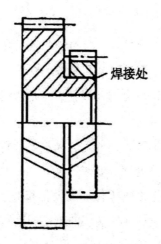

图 2-1　双联斜齿轮的结构

从上述分析也可知，只有熟悉制造工艺、有一定实践知识并且掌握工艺理论，才能很好地分析零件结构工艺性。

（二）零件结构工艺性分析

零件结构工艺性分析包括审查零件图、分析零件的技术要求、分析零件要素及整体结构的工艺性三个方面。

1.审查零件图

零件图是制定工艺规程最主要的原始资料。只有通过对零件图和装配图的分析，才能了解产品的性能、用途和工作条件，明确各零件的相互装配位置和作用，了解零件的主要技术要求，找出生产合格产品的技术关键。零件图的研究包括以下三项内容：

①检查零件图的完整性和正确性：主要检查零件图是否表达直观、清晰、准确、充分；尺寸、公差、技术要求是否合理、齐全。如果有错误或遗漏，则应提出修改意见。

②分析零件材料选择是否恰当：在选择零件材料时，应尽量采用我国资源丰富的材料，避免采用贵重金属；同时，所选的零件材料还必须具有良好的加

工性。

　　③审查零件技术要求的合理性：分析装配图，掌握零件在设备（或机械装置）中的功用、与周围零件的装配关系和装配要求，分析零件的技术要求在保证使用性能的前提下是否经济合理，以便进行适当的调整。

　　2.分析零件的技术要求

　　零件的技术要求包括加工表面的尺寸精度、形状精度、位置精度、表面粗糙度、表面微观质量以及热处理等要求。

　　不同的技术要求将直接影响零件加工设备和加工方法的选择，以及加工工序安排顺序与多少，进而影响零件加工的难易程度和生产成本，故技术要求是影响零件结构工艺性的主要因素之一。

　　技术要求从尺寸精度、位置精度、形状精度和表面粗糙度四个方面来分析。尺寸精度以 IT7 为参考，位置精度和形状精度以对应的尺寸精度评价为参考，表面粗糙度以 $Ra=1.6\ \mu m$ 为参考。

　　3.分析零件要素及整体结构的工艺性

　　（1）零件要素的工艺性

　　零件要素是指组成零件的各加工面。显然零件要素的工艺性会直接影响零件的工艺性。零件要素的切削加工工艺性归纳起来有以下三点要求：

　　①各要素的形状应尽量简单，面积应尽量小，规格应尽量标准和统一。

　　②能采用普通设备和标准刀具进行加工，且刀具易进入、退出，能顺利通过加工表面。

　　③加工面与非加工面应明显分开，加工面之间也应明显分开。

　　（2）零件整体结构的工艺性

　　零件是各要素、各尺寸组成的一个整体，所以更应考虑零件整体结构的工艺性，具体有以下五点要求：

　　①尽量采用标准件、通用件、借用件和相似件。

　　②有便于装夹的基准。如图 2-2 所示为车床小刀架，当以 C 面定位加工 A 面时，为满足工艺的需要而在车床小刀架上增设工艺凸台 B，就是便于装夹的

辅助基准。

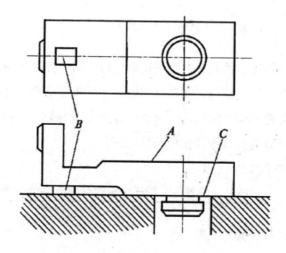

A—加工面；*B*—工艺凸台；*C*—定位面。

图 2-2 车床小刀架的工艺凸台

③有位置要求或同方向的表面能在一次装夹中加工出来。

④零件要有足够的刚性，便于采用高速和多刀切削。如图 2-3（b）所示的零件有加强肋，显然是有加强肋的零件刚性好，便于高速切削，从而提高生产率。

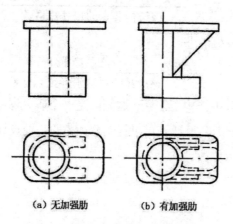

（a）无加强肋　　（b）有加强肋

图 2-3 增设加强肋以提高零件刚性

⑤节省材料，减轻质量。

（三）零件结构工艺性的评定指标

上述零件结构工艺性的分析都是根据经验概括地提出一些要求，属于定性分析指标。近来，有关部门正在探讨和研究评价零件结构工艺性的定量指标。如指导性技术文件 GB/T 24737.3—2009《工艺管理导则 第 3 部分：产品结构工艺性审查》推荐的部分主要指标项目如下：

①加工精度系数K_{ac}，即

$$K_{ac} = \frac{产品（或零件）图样中标注有公差要求的尺寸数}{产品（或零件）的表面总数};$$

②结构继承性系数K_s，即

$$K_s = \frac{产品中借用件数＋通用件数}{产品零件总数};$$

③结构标准化系数K_{st}，即

$$K_{st} = \frac{产品中标准件数}{产品零件总数};$$

④结构要素统一化系数K_e，即

$$K_e = \frac{产品中各零件所用同一结构要素数}{该结构要素的尺寸规格数};$$

⑤材料利用系数K_m，即

$$K_m = \frac{产品净重}{该产品的材料消耗工艺定额}。$$

用定量指标来分析结构工艺性，这无疑是一个研究课题。对于结构工艺性分析中发现的问题，工艺设计人员可提出修改意见，经设计部门同意并通过一定的审批程序后方可修改。

二、毛坯的选择

（一）毛坯的种类

毛坯的种类很多，同一种毛坯又有多种制造方法。

1.铸件

铸件适用于形状复杂的零件毛坯。根据铸造方法的不同，铸件又分为以下几种类型：

（1）砂型铸造铸件

砂型铸造铸件是应用最为广泛的一种铸件。它有木模手工造型和金属模设备造型之分。木模手工造型铸件精度低，加工表面需留较大的加工余量，且生产效率低，适用于单件小批生产或大型零件的铸造。金属模设备造型生产效率高，铸件精度也高，但设备费用高，铸件的重量也受限制，适用于大批大量生产的中小型铸件。

（2）金属型铸造铸件

金属型铸造铸件是将熔融的金属浇注到金属模具中，依靠金属自重充满金属铸型腔而获得的铸件。这种铸件比砂型铸造铸件精度高，表面质量和力学性能好，生产效率也较高，但需专用的金属型腔模，适用于大批大量生产中尺寸不大的有色金属铸件。

（3）离心铸造铸件

离心铸造铸件是将熔融金属注入高速旋转的铸型内，在离心力的作用下，金属液充满型腔而形成的铸件。这种铸件晶粒细，金属组织致密，零件的力学性能好，外圆精度及表面质量高，但内孔精度差，且需要专门的离心浇注机，适用于批量较大的黑色金属和有色金属的旋转体铸件。

（4）压力铸造铸件

压力铸造铸件是将熔融的金属在一定的压力作用下，以较高的速度注入金属型腔内而获得的铸件。这种铸件精度高，可达 IT11～IT13；表面粗糙度值 Ra 小，可达 0.4～3.2 μm；铸件力学性能好。压力铸造可铸造各种结构较复杂的零件，铸件上的各种孔眼、螺纹、文字及花纹图案均可铸出，但需要一套昂贵的设备和型腔模。它适用于批量较大的形状复杂、尺寸较小的有色金属铸件。

（5）精密铸造铸件

将石蜡通过型腔模压制成与工件一样的蜡制件，再在蜡制件周围粘上特殊型砂，凝固后将其烘干焙烧，放出蜡升华成的气体，留下工件形状的模壳，用来浇铸。精密铸造铸件精度高，表面质量好，一般用来铸造形状复杂的铸钢件，可节省材料，降低成本，是一项先进的毛坯制造工艺。

2.锻件

锻件适用于强度要求高、形状比较简单的零件毛坯，其锻造方法有自由锻造和模锻两种。

（1）自由锻造锻件

自由锻造锻件是在锻锤或压力机上用手工操作而成形的锻件。它的精度低，加工余量大，生产率也低，适用于单件小批生产及大型锻件。

（2）模锻件

模锻件是在锻锤或压力机上，通过专用锻模锻制成型的锻件。它的精度和表面粗糙度均比自由锻造的好，可以使毛坯形状更接近工件形状，加工余量小。同时，由于模锻件的材料纤维组织分布好，因此它的机械强度高。模锻的生产效率高，但需要专用的模具，且锻锤的吨位也要比自由锻造的大，主要适用于批量较大的中小型零件。

3.焊接件

焊接件是根据需要将型材或钢板焊接而成的毛坯件，它的制作方便、简单，但需要经过热处理才能进行机械加工，适用于单件小批生产中制造大型毛坯。其优点是制造简便，加工周期短，毛坯重量轻；缺点是焊接件抗振性差，机械加工前需经过时效处理以消除内应力。

4.冲压件

冲压件是通过冲压设备对薄钢板进行冷冲压加工而得到的零件，它可以非常接近成品要求。冲压件可以作为毛坯，有时还可以直接成为成品。冲压件的尺寸精度高，适用于批量较大而零件厚度较小的中小型零件。

5.型材

型材主要通过热轧或冷拉而成。热轧的型材精度低，价格较冷拉的便宜，用于一般零件的毛坯。冷拉的型材尺寸小、精度高，易于实现自动送料，但价格贵，多用于批量较大且在自动机床上进行加工的情形。按其截面形状，型材可分为圆钢、方钢、六角钢、扁钢、角钢、槽钢以及其他特殊截面的型材。

6.冷挤压件

冷挤压件是在压力机上通过挤压模挤压而成的，其生产效率高。冷挤压毛坯精度高，表面粗糙度值 Ra 小，可以不再进行机械加工，但要求材料塑性好，主要为有色金属和塑性好的钢材。冷挤压件适用于大批大量生产中制造形状简单的小型零件。

7.粉末冶金件

粉末冶金件是以金属粉末为原料，在压力机上通过模具压制成型后经高温烧结而成的。其生产效率高，零件的精度高，表面粗糙度值 Ra 小，一般可不再进行精加工，但金属粉末成本较高，适用于大批大量生产中压制形状较简单的小型零件。

（二）确定毛坯时应考虑的因素

在确定毛坯时应考虑以下因素：

1.零件的材料及其力学性能

当零件的材料选定以后，毛坯的类型就大体确定了。例如：材料为铸铁的零件，自然应选择铸造毛坯；对于重要的钢质零件，力学性能要求高时，可选择锻造毛坯。

2.零件的结构和尺寸

形状复杂的毛坯常采用铸件，但对于形状复杂的薄壁件，一般不能采用砂型铸造；对于一般用途的阶梯轴，当各段直径相差不大、力学性能要求不高时，可选择棒料毛坯；当各段直径相差较大时，为了节省材料，应选择锻件。

3.零件的生产类型

当零件的生产批量较大时，应采用精度和生产率都比较高的毛坯制造方法，这时毛坯制造增加的费用可由材料耗费减少的费用以及机械加工减少的费用来补偿。

4.现有的生产条件

选择毛坯类型时，要结合企业的具体生产条件，如现场毛坯制造的实际水平和能力、外协的可能性等。

5.利用新技术、新工艺和新材料的可能性

为了节约材料和能源，减少机械加工余量，提高经济效益，只要有可能，就必须尽量采用精密铸造、精密锻造、冷挤压、粉末冶金和工程塑料等新工艺、新技术和新材料。

（三）确定毛坯时的几项工艺措施

实现少切屑、无切屑加工，是现代机械制造技术的发展趋势。但是，由于毛坯制造技术的限制，加之现代设备对零件精度和表面质量的要求越来越高，为了保证机械加工能达到质量要求，毛坯的某些表面仍需留有加工余量。加工毛坯时，由于一些零件形状特殊，安装和加工不大方便，必须采取一定的工艺措施才能进行机械加工。以下列举几种常见的工艺措施：

①为了便于安装，有些铸件毛坯需铸出工艺凸台。工艺凸台在零件加工完毕后一般应切除，如对使用和外观没有影响，也可保留在零件上。

②装配后需要形成同一工作表面的两个相关偶件，为了保证加工质量并使加工方便，常常将这些分离零件先制作成一个整体毛坯，加工到一定阶段后再

切割分离。如图 2-4 所示的车床走刀系统中的开合螺母外壳，其毛坯就是两件合制的。柴油机连杆的大端也是合制的。

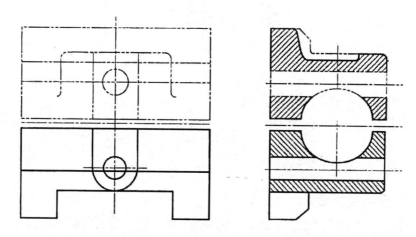

图 2-4 车床开合螺母外壳简图

③对于形状比较规则的小型零件，为了便于安装和提高机械加工的生产率，可将多件合成一个毛坯，加工到一定阶段后，再分离成单件。如图 2-5 所示的滑键，先将毛坯的各平面加工好后再切离成单件，之后再对单件进行加工。

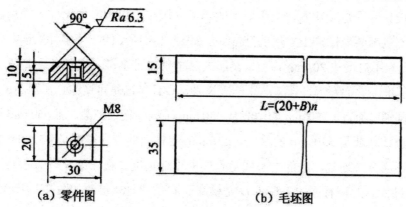

（a）零件图　　　　　　　　　　（b）毛坯图

图 2-5　滑键零件图与毛坯图（mm）

第二节　定位基准与表面

加工方法的选择

一、定位基准的选择

（一）基准的概念及其分类

1.基准的概念

基准是用来确定生产对象上几何要素间的几何关系所依据的那些点、线、面。一个几何关系就有一个基准。

2.基准的分类

根据作用的不同，可将基准分为设计基准和工艺基准两大类。

（1）设计基准

设计基准是设计图样上所采用的基准（国标中仅指零件图样上采用的基准，不包括装配图样上采用的基准）。如图 2-6 所示的三个零件图样，在图 2-6（a）中对尺寸 20 mm 而言，B 面是 A 面的设计基准，或者 A 面是 B 面的设计基准，它们互为设计基准。一般说来，设计基准是可逆的。在图 2-6（b）中对同轴度而言，ϕ50 mm 的轴线是 ϕ30 mm 轴线的设计基准，而 ϕ50 mm 圆柱面的设计基准是 ϕ50 mm 的轴线，ϕ30 mm 圆柱面的设计基准是 ϕ30 mm 的轴线。不应笼统地说，轴的中心线是它们的设计基准。在图 2-6（c）中对尺寸 45 mm 而言，圆柱面的下素线 D 是槽底面 C 的设计基准。如图 2-7 所示的主轴箱箱体图样，顶面 F 的设计基准是底面 D，孔Ⅲ和孔Ⅳ的轴线的设计基准是底面 D 和导向侧面 E，孔Ⅱ轴线的设计基准是孔Ⅲ和孔Ⅳ的轴线。

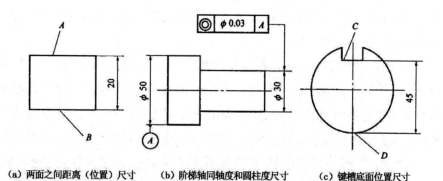

（a）两面之间距离（位置）尺寸　　（b）阶梯轴同轴度和圆柱度尺寸　　（c）键槽底面位置尺寸

图 2-6　设计基准的实例（mm）

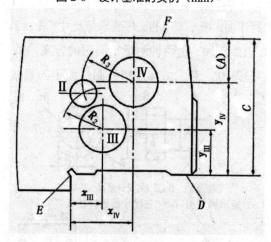

图 2-7　主轴箱箱体的设计基准

（2）工艺基准

工艺基准是在工艺过程中所采用的基准。它包括以下几类：

①工序基准。它是在工序图上用来确定本工序所加工表面加工后的尺寸、形状、位置的基准。简而言之，它是工序图上的基准。

②定位基准。它是在加工中用作定位的基准。用夹具装夹时，定位基准就是工件上直接与夹具的定位元件相接触的点、线、面。

③测量基准。它是测量时所采用的基准。

④装配基准。它是在装配时用来确定零件或部件在产品中的相对位置的基

准。图 2-7 中主轴箱箱体的 D 面和 E 面是确定箱体在机床床身上相对位置的平面，它们就是装配基准。

现以图 2-8 为例说明各种基准及其相互关系。图 2-8（a）为短阶梯轴图样的三个设计尺寸 d，D，C，圆柱面 I 的设计基准是 d 尺寸段的轴线，圆柱面 II 的设计基准是 D 尺寸段的轴线，平面 III 的设计基准是含 D 尺寸段轴线的平行平面。图 2-8（b）是平面 III 的加工工序简图，定位基准都是 d 尺寸段的圆柱面 I。有时可用轴线替代圆柱面，但替代后会产生误差。为了区别圆柱面和轴线，通常把轴线称为定位基准，把圆柱面称为定位基面（基面实质上仍是基准）。加工工序简图中有两种工序基准方案：第一方案的工序要求是尺寸 C，即工序基准是含 D 尺寸段轴线的平行平面；第二方案的工序要求是尺寸 $C+D/2$，即工序基准是圆柱面 II 的下素线。图 2-8（c）是两种测量平面 III 的方案，第一方案是以外圆柱面 I 的上素线为测量基准，第二方案是以外圆柱面 I 的素线为测量基准。

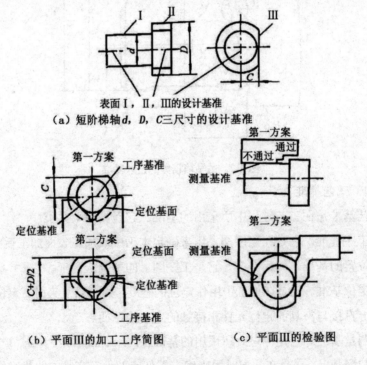

图 2-8　各种基准的实例

3.基准的分析

分析基准时应注意以下两点：

第一，基准是依据的意思，必然都是客观存在的。有时基准是轮廓要素，如圆柱面、平面等，这些基准比较直观，也易直接接触到；有时基准是中心要素，如球心、轴线、中心平面等，它们不像轮廓要素那样摸得着、看得见，但它们却是客观存在的。随着测量技术的发展，总会把那些中心要素反映出来，圆度仪就是设法通过测量圆柱面来确定其客观存在的圆心。

第二，基准要确切。圆柱面与圆柱面的轴线有所不同，为了使用方便，有时可以相互替代（不是替换），但应引入替代后的误差。另外，还要分清轴线的区段，如阶梯轴的轴线必定要明确是哪段阶梯的轴线，不可笼统说明。对于这方面的问题，国家标准 GB/T 1182—2018《产品几何技术规范（GPS）几何公差 形状、方向、位置和跳动公差标注》说得很清楚，在此不再赘述。

（二）基准的选择

用未经加工的毛坯表面作定位基准，这种基准称为粗基准；用加工过的表面作定位基准，则称为精基准。

选择定位基准是从保证工件精度要求出发的，因而分析定位基准选择的顺序就应是从精基准到粗基准。

1.精基准的选择

选择精基准时，应保证加工精度和装夹可靠方便，可按下列原则选取：

（1）基准重合原则

采用设计基准作为定位基准称为基准重合。为避免基准不重合而引起的误差，保证加工精度，应遵循基准重合原则。如图 2-7 所示的主轴箱箱体，孔Ⅳ轴线在垂直方向的设计基准是底面 D，加工孔Ⅳ时采用设计基准作定位基准，能直接保证尺寸 y_{IV} 的精度，即遵循基准重合原则。

若如图 2-9 所示用夹具装夹、调整法加工，为了在镗模（镗孔夹具）上布置固定的中间导向支承，提高镗杆的刚性，需把箱体倒放，采用面 F 作定位基准。此时，加工一批主轴箱箱体，镗模能直接保证尺寸 A，而设计要求是尺寸 B（B 即图 2-7 中的尺寸 y_{IV}），尺寸 B 只能通过控制尺寸 A 和 C 间接保证，控制尺寸 A 和 C 就是控制它们的误差变化范围。设尺寸 A 和 C 可能的误差变化范围分别为它们的公差值 $\pm T_A/2$ 和 $\pm T_C/2$，那么在调整好镗杆加工一批主轴箱箱体后，尺寸 B 可能的误差变化范围为

$$B_{\max} = C_{\max} - A_{\min},$$

$$B_{\min} = C_{\min} - A_{\max}. \tag{2-1}$$

将上面两式相减，可得到

$$B_{\max} - B_{\min} = C_{\max} - A_{\min} - （C_{\min} - A_{\max}）, \tag{2-2}$$

即

$$T_B = T_C + T_A. \tag{2-3}$$

式 2-3 说明：尺寸 B 所产生的误差变化范围是尺寸 C 和尺寸 A 误差变化范围之和。

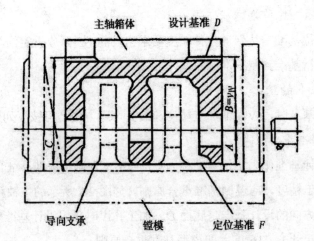

图 2-9　设计基准与定位基准不重合

从上述分析可知，零件图样上原设计要求是尺寸 C 和 B，它们是分别单独

要求的，彼此不相关。但是，加工时定位基准与设计基准不重合，致使尺寸 B 的加工误差中引入了一个从定位基准到设计基准之间的尺寸 C 的误差，这个误差称为基准不重合误差。

为了加深对基准不重合误差的理解，下面通过具体数据来进一步说明。设零件图样上要求：$T_B = 0.6$ mm，$T_C = 0.4$ mm。在基准重合时，尺寸 B 可直接获得，加工误差在 ± 0.3 mm 范围内就达到要求。若采用顶面定位，即基准不重合，则根据 $T_B = T_C + T_A$ 的关系式可得 $T_A = T_B - T_C = （0.6 - 0.4）$ mm $= 0.2$ mm，即原零件图样上并无严格要求的尺寸 A，就必须将其加工误差控制在 ± 0.1 mm 范围内，显然加工要求提高了。

上面分析的是设计基准与定位基准不重合而产生的误差，它是在加工的定位过程中产生的。同样，装配基准与设计基准、设计基准与工序基准、工序基准与定位基准、工序基准与测量基准、设计基准与测量基准等不重合时，都会产生误差。

在应用基准重合原则时，要注意其应用条件。定位过程中的基准不重合误差是在用夹具装夹、调整法加工一批工件时产生的。若用试切法加工，每一个箱体都可直接测量尺寸 B，从而直接保证尺寸 B，则不存在基准不重合误差。

（2）基准统一原则

在工件的加工过程中尽可能地采用统一的定位基准，称为基准统一原则（也称基准单一原则或基准不变原则）。

工件上往往有多个表面要加工，会有多个设计基准。要遵循基准重合原则，就会有较多定位基准，因而夹具种类也较多。为了减少夹具种类，简化夹具结构，可设法在工件上找到一组基准，或者在工件上专门设计一组定位面，用它们来定位加工工件上多个表面，遵循基准统一原则。为满足工艺需要，在工件上专门设计的定位面称为辅助基准。常见的辅助基准有轴类工件的中心孔、工艺凸台和活塞类工件的内止口和中心孔等。

在自动线加工中，为了减少工件的装夹次数，也须遵循基准统一原则。

采用基准统一原则时，若统一的基准面和设计基准一致，则符合基准重合原则。这是最理想的方案，既能获得较高的精度，又能减少夹具的种类。如图 2-10 所示的盘形齿轮，孔既是装配基准又是设计基准，用孔作定位基准加工外圆、端面和齿面，既符合基准重合原则又符合基准统一原则。

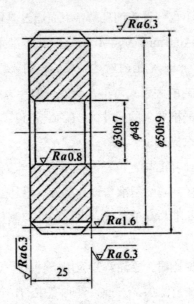

图 2-10　盘形齿轮（mm）

遵循基准统一原则时，若统一的基准面和设计基准不一致，则加工面之间的位置精度虽不如基准重合时那样高，即增加一个由辅助基准到设计基准之间的基准不重合误差，但是仍比基准多次转换时的精度高，因为多次转换基准会有多个基准不重合误差。

若采用一次装夹加工多个表面，则多个表面间的位置尺寸及精度和定位基准的选择无关，而是取决于加工多个表面的各主轴及刀具间的位置精度和调整精度。箱体类工件上孔系（若干个孔）的加工常采用一次装夹而成，孔系间的位置精度和定位基准选择无关，常用基准统一原则。

当采用基准统一原则后，无法保证表面间位置精度时，往往先用基准统一原则，然后在最后工序用基准重合原则保证表面间的位置精度。例如，活塞加工时用内止口作基准加工所有表面后，最后采用基准重合原则，以活塞外圆定位加工活塞销孔，保证活塞外圆和活塞销孔的位置精度。

（3）自为基准原则

当某些表面精加工要求加工余量小而均匀时，选择加工表面本身作为定位基准称为自为基准原则。遵循自为基准原则时，不能提高加工面的位置精度，只是提高加工面本身的精度。例如，图 2-11 是在导轨磨床上以自为基准原则磨削床身导轨，方法是用百分表（或观察磨削火花）找正工件的导轨面，然后加工导轨面，保证导轨面余量均匀，以满足对导轨面的质量要求。另外，如拉刀、浮动镗刀、浮动铰刀和珩磨等加工孔的方法，也都是自为基准的实例。

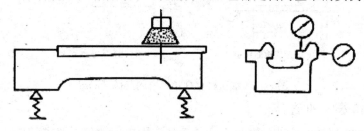

图 2-11 床身导轨面自为基准的实例

（4）互为基准原则

为了使加工面间有较高的位置精度，同时使其加工余量小而均匀，可采取反复加工、互为基准的原则。例如，加工精密齿轮时，用高频淬火把齿面淬硬后需进行磨齿，因为齿面淬硬层较薄，所以要求磨削余量小而均匀，这时就得先以齿面为基准磨孔，再以孔为基准磨齿面，从而保证齿面余量均匀，且孔和齿面又有较高的位置精度。

（5）保证工件定位准确、夹紧可靠、操作方便的原则

所选精基准应能保证工件定位准确、稳定，夹紧可靠。精基准应该是精度较高、表面粗糙度值较小、支承面积较大的表面。例如，图 2-12 为锻压机立柱铣削加工中的两种定位方案。底面与导轨面的尺寸比 $a:b=1:3$，若将已加工的底面作为精基准加工导轨面，如图 2-12（a）所示，设在底面产生 0.1 mm 的装夹误差，则在导轨面上引起的实际误差应为 0.3 mm。若先加工导轨面，然后以导轨面为定位基准加工底面，如图 2-12（b）所示，当仍有同样的装夹误差

（0.1 mm）时，则在底面所引起的实际误差约为 0.03 mm。可见，如图 2-12（b）所示的方案比图 2-12（a）的好。

当用夹具装夹时，选择的精基准面还应使夹具结构简单、操作方便。

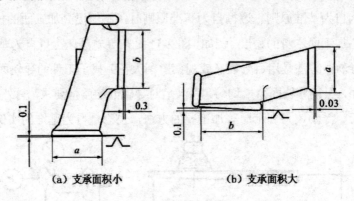

（a）支承面积小　　　　　　　　（b）支承面积大

图 2-12　锻压机立柱精基准的选择（mm）

2.粗基准的选择

粗基准的选择应能保证加工面与非加工面之间的位置要求，以及合理分配各加工面的余量，同时要为后续工序提供精基准，具体可按下列原则选择：

首先，为了保证加工面与非加工面之间的位置要求，应选非加工面为粗基准。当工件上有多个非加工面与加工面之间有位置要求时，应以其中要求较高的非加工面为粗基准。

其次，合理分配各加工面的余量。在分配余量时，应考虑以下两点：

①为了保证各加工面都有足够的加工余量，应选择毛坯余量最小的面为粗基准。如图 2-13 所示的阶梯轴，因 $\phi55$ mm 外圆的余量较小，故应选 $\phi55$ mm 外圆为粗基准。如果选 $\phi108$ mm 外圆为粗基准加工 $\phi55$ mm 外圆，当两个外圆有 3 mm 的偏心时，则有可能因 $\phi50$ mm 的余量不足而使工件报废。

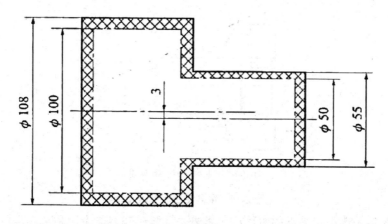

图 2-13 阶梯轴加工的粗基准选择（mm）

②为了保证重要加工面的余量均匀，应选重要加工面为粗基准。例如，床身加工时，为保证导轨面有均匀的金相组织和较高的耐磨性，应使其加工余量小而均匀。为此，应选择导轨面为粗基准加工床腿底面，然后以底面为精基准加工导轨面，保证导轨面的加工余量小而均匀。当工件上有多个重要加工面都要求保证余量均匀时，应选余量要求最严的面为粗基准。

再次，粗基准应避免重复使用，在同一尺寸方向上（即同一自由度方向上），通常只允许用一次。

粗基准是毛面，一般说来表面较粗糙，形状误差也大，如重复使用就会造成较大的定位误差。因此，粗基准应避免重复使用，若以粗基准定位则需把精基准加工好，为后续工序准备好精基准。如图 2-14 所示的小轴，若重复使用毛坯面 B 定位去加工表面 A 和 C，则必然会使 A 与 C 表面的轴线产生较大的同轴度误差。

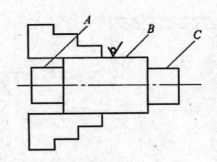

A，C—加工面；B—毛坯面。

图 2-14　重复使用粗基准实例

最后，选作粗基准的表面应平整光洁，要避开锻造飞边和铸造浇冒口、分型面、毛刺等缺陷，以保证定位准确、夹紧可靠。当用夹具装夹时，选择的粗基准面还应使夹具结构简单、操作方便。

精、粗基准选择的各条原则，都是从不同方面提出的要求。有时，这些要求会出现相互矛盾的情况，甚至在一条原则内也会存在相互矛盾的情况，这就要求全面辩证地分析，分清主次，解决主要矛盾。例如，在选择箱体零件的粗基准时，既要保证主轴孔和内腔壁（加工面与非加工面）的位置要求，又要求主轴孔的余量足够且均匀，或者要求孔系中各孔的余量都足够且均匀，就会产生相互矛盾的情况，此时就要在保证加工质量的前提下，结合具体生产类型和生产条件，灵活运用各条原则。当中、小批生产或箱体零件的毛坯精度较低时，常用划线找正装夹，兼顾各项要求，解决各方面矛盾。

二、表面加工方法的选择

为了正确选择加工方法，应了解各种加工方法的特点和掌握加工经济精度及经济表面粗糙度的概念。

1.加工经济精度和经济表面粗糙度的概念

在加工过程中，影响精度的因素很多。每种加工方法在不同的工作条件下，所能达到的精度会有所不同。例如：精细地操作，选择较低的切削用量，就能得到较高的精度，但是这样会降低生产率，增加成本；反之，通过增加切削用量来提高生产率，虽然能降低成本，但会增加加工误差而使精度下降。

统计资料表明，各种加工方法的加工误差和加工成本之间的关系呈负指数函数曲线形状，如图 2-15 所示。图中横坐标是加工误差 Δ，沿横坐标的反方向即加工精度，纵坐标是加工成本 Q。由图 2-15 可知：若每种加工方法欲获得较高的加工精度（即加工误差小），则加工成本增加；反之，若加工精度降低，则加工成本下降。但是，上述关系只是在一定范围内，即在曲线的 AB 段才比较明显。在 A 点左侧，加工精度不易提高，且有一个极限值 Δ_j；在 B 点右侧，加工成本不易降低，也有一个极限值 Q_j。曲线 AB 段的精度区间属经济精度范围。

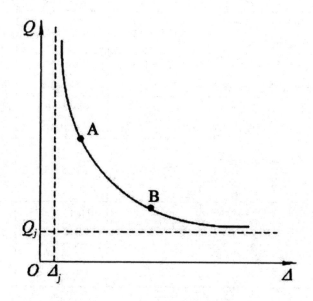

图 2-15　加工误差（或加工精度）和加工成本的关系

加工经济精度是指在正常加工条件下（使用符合质量标准的设备、工艺设备和标准技术等级的工人，不延长加工时间）所能保证的加工精度。若延长加工时间，则会增加成本，虽然精度能提高，但不经济了。

经济表面粗糙度的概念类同于经济精度的概念。

　　各种加工方法所能达到的经济精度和经济表面粗糙度等级，以及各种典型表面的加工方法均已制成表格，在机械加工的各种手册中都能找到。表 2-1～表 2-3 分别摘录了外圆柱面、孔和平面等典型表面的加工方法及其经济精度（以公差等级表示）和经济表面粗糙度，表 2-4 摘录了各种加工方法加工轴线平行的孔的位置精度（以误差表示），供选用时参考。

表 2-1　外圆柱面加工方法

序号	加工方法	经济精度（以公差等级表示）	经济表面粗糙度 $Ra/\mu m$	适用范围
1	粗车	IT11～IT13	12.5～50	适用于淬火钢以外的各种金属
2	粗车→半精车	IT8～IT10	3.2～6.3	
3	粗车→半精车→精车	IT7～IT8	0.8～1.6	
4	粗车→半精车→精车→滚压（或抛光）	IT7～IT8	0.025～0.2	
5	粗车→半精车→磨削	IT7～IT8	0.4～0.8	主要用于淬火钢，也可用于未淬火钢，但不宜加工有色金属
6	粗车→半精车→粗磨→精磨	IT6～IT7	0.1～0.4	
7	粗车→半精车→粗磨→精磨→超精加工（或轮式超精磨）	IT5	0.012～0.1（或 $Rz0.1$）	
8	粗车→半精车→精车→精细车（或金刚车）	IT6～IT7	0.025～0.4	主要用于要求较高的有色金属加工
9	粗车→半精车→粗磨→精磨→超精磨（或镜面磨）	IT5 以上	0.006～0.025（或 $Rz0.05$）	极高精度的外圆加工
10	粗车→半精车→粗磨→精磨→研磨	IT5 以上	0.006～0.1（或 $Rz0.05$）	

表 2-2 孔加工方法

序号	加工方法	经济精度（以公差等级表示）	经济表面粗糙度 Ra/pm	适用范围
1	钻	IT11～IT13	12.5	加工未淬火钢及铸铁的实心毛坯，也可用于加工有色金属。孔径小于 15～20 mm
2	钻→铰	IT8～IT10	1.6～6.3	
3	钻→粗铰→精铰	IT7～IT8	0.8～1.6	
4	钻→扩	IT10～IT11	6.3～12.5	加工未淬火钢及铸铁的实心毛坯，也可用于加工有色金属。孔径大于 15～20 mm
5	钻→扩→铰	IT8～IT9	1.6～3.2	
6	钻→扩→粗铰→精铰	IT7	0.8～1.6	
7	钻→扩→机铰→手铰	IT6～IT7	0.2～0.4	
8	钻→扩→拉	IT7～IT9	0.1～1.6	大批大量生产（精度由拉刀的精度而定）
9	粗镗（或扩孔）	IT11～IT13	6.3～12.5	除淬火钢外的各种材料，毛坯有铸出孔或锻出孔
10	粗镗（或粗扩）→半精镗（或精扩）	IT9～IT10	1.6～3.2	
11	粗镗（或粗扩）→半精镗（或精扩）→精镗（或铰）	IT7～IT8	0.8～1.6	
12	粗镗（或粗扩）→半精镗（或精扩）→精镗→浮动镗刀精镗	IT6～IT7	0.4～0.8	
13	粗镗（或扩）→半精镗→磨孔	IT7～IT8	0.2～0.8	主要用于淬火钢，也可用于未淬火钢，但不宜用于有色金属
14	粗镗（或扩）→半精镗→粗磨→精磨	IT6～IT7	0.1～0.2	
15	粗镗→半精镗→精镗→精细镗（或金刚镗）	IT6～IT7	0.05～0.4	主要用于精度要求高的有色金属加工
16	钻（或扩）→粗铰→精铰→珩磨；钻→（或扩）→拉→珩磨；粗镗→半精镗→精镗→珩磨	IT6～IT7	0.025～0.2	精度要求很高的孔
17	以研磨代替上述方法中的珩磨	IT5～IT6	0.006～0.1（或 Rz0.05）	

表 2-3 平面加工方法

序号	加工方法	经济精度（以公差等级表示）	经济表面粗糙度 Ra/pm	适用范围
1	粗车	IT11～IT13	12.5～50	端面
2	粗车→半精车	IT8～IT10	3.2～6.3	
3	粗车→半精车→精车	IT7～IT8	0.8～1.6	
4	粗车→半精车→磨削	IT6～IT8	0.2～0.8	
5	粗刨（或粗铣）	IT11～IT13	6.3～25	一般不淬硬平面（端铣表面粗糙度 Ra 值较小）
6	粗刨（或粗铣）→精刨（或精铣）	IT8～IT10	1.6～6.3	
7	粗刨（或粗铣）→精刨（或精铣）→刮研	IT6～IT7	0.1～0.8	精度要求较高的不淬硬平面，批量较大时宜采用宽刃精刨方案
8	以宽刃精刨代替上述刮研	IT7	0.2～0.8	
9	粗刨（或粗铣）→精刨（或精铣）→磨削	IT7	0.2～0.8	精度要求高的淬硬平面或不淬硬平面
10	粗刨（或粗铣）→精刨（或精铣）→粗磨→精磨	IT6～IT7	0.025～0.4	
11	粗铣→拉	IT7～IT9	0.2～0.8	大量生产，较小的平面（精度由拉刀精度而定）
12	粗铣→精铣→磨削→研磨	IT5 以上	0.006～0.1（或 Rz0.05）	高精度平面

表 2-4　轴线平行的孔的位置精度（经济精度）

加工方法	工具的定位	两孔轴线间的距离误差，或从孔轴线到平面的距离误差/mm	加工方法	工具的定位	两孔轴线间的距离误差，或从孔轴线到平面的距离误差/mm
立钻或摇臂钻上钻孔	用钻模	0.1～0.2	卧式铣镗床上镗孔	用镗模	0.05～0.08
	按划线	0.05～0.08		按定位样板	0.08～0.2
立钻或摇臂钻上镗孔	用镗模	1.0～3.0		按定位器的指示读数	0.04～0.06
车床上镗孔	按划线	1.0～2.0		用量块	0.05～0.1
	用带有滑座的角尺	0.1～0.3		用内径规或用塞尺	0.05～0.25
坐标镗床上镗孔	用光学仪器	0.004～0.015		用程序控制的坐标装置	0.04～0.05
金刚镗床上镗孔	–	0.008～0.02		用游标尺	0.2～0.4
多轴组合机床镗孔	用镗模	0.03～0.05		按划线	0.4～0.6

还需指出，经济精度的数值不是一成不变的，随着科学技术的发展、工艺的改进、设备的更新，经济精度会逐步提高。

2.选择加工方法时应考虑的因素

加工方法常常根据经验或查表来确定，再根据实际情况或通过工艺试验进行修改。从表 2-1～表 2-3 中的数据可知，满足同样精度要求的加工方法有若干种，所以选择时还应考虑下列因素：

①工件材料的性质。例如：火钢的精加工要用磨削；有色金属的精加工为避免磨削时堵塞砂轮，则要用高速精细车或精细镗（金刚镗）。

②工件的形状和尺寸。例如，对于公差为 IT7 的孔采用镗、铰、拉、磨等都可以，但是箱体上的孔一般不宜采用拉或磨，而常常选择镗孔（大孔时）或

铰孔（小孔时）。

③生产类型及生产率和经济性问题。选择加工方法要与生产类型相适应。大批大量生产应选用生产率高和质量稳定的加工方法，如平面和孔采用拉削加工；单件小批生产则采用刨削、铣削平面和钻、扩、铰孔。为保证质量可靠和稳定，保证有高成品率，在大批大量生产中采用珩磨和超精加工来加工较精密的零件，常常降级使用高精度方法。同时，由于大批大量生产能选用精密毛坯，如用粉末冶金制造液压泵齿轮，精锻锥齿轮，精铸中、小零件等，因而可简化机械加工，在毛坯制造后直接进入磨削加工。

④具体生产条件。应充分利用现有设备和工艺手段，发挥群众的创造性，挖掘企业潜力。有时，因设备负荷的原因，需改用其他加工方法。

⑤新工艺、新技术。充分考虑利用新工艺、新技术的可能性，提高工艺水平。

⑥特殊要求。如表面纹路方向的要求，铰削孔和镗削孔的纹路方向与拉削孔的纹路方向不同，应根据设计的特殊要求选择相应的加工方法。

第三节　工序集中与工序分散

工序集中与工序分散，是拟订工艺路线时确定工序数目（或工序内容多少）的两种不同的原则，它和设备类型的选择有密切的关系。

一、工序集中与工序分散的概念

工序集中就是将工件的加工集中在少数几道工序内完成，每道工序的加工内容较多。工序集中可采用技术上的措施集中，称为机械集中，如多刃、多刀和多轴机床，自动机床，数控机床，加工中心等；也可采用人为的组织措施集中，称为组织集中，如卧式车床的顺序加工。

工序分散就是将工件的加工分散在较多的工序内进行，每道工序的加工内容很少，最少时即每道工序仅一个简单工步。

二、工序集中与工序分散的特点

（一）工序集中的特点（指机械集中）

①采用高效专用设备，生产率高。

②工件装夹次数减少，易于保证表面间位置精度，还能减少工序间运输量，缩短生产周期。

③工序数目少，可减少机床数量、操作工人数和生产面积，还可简化生产计划和生产组织工作（组织集中也具有该特点）。

④因采用结构复杂的设备，使投资大，调整和维修复杂，生产准备工作量大，转换新产品比较费时。

（二）工序分散的特点

①设备比较简单，调整和维修方便，工人容易掌握，生产准备工作量少，又易于平衡工序时间，易适应产品更换。

②可采用最合理的切削用量，减少基本时间。

51

③设备数量多，操作工人多，占用生产面积大。

三、工序集中与工序分散的选用

工序集中与工序分散各有利弊，应根据生产类型、现有生产条件、工件结构特点和技术要求等进行综合分析后选用。单件小批生产采用组织集中，以便简化生产组织工作。大批大量生产可采用较复杂的机械集中，如多刀、多轴机床加工，各种高效组合机床和自动机加工；对一些结构较简单的产品，如轴承生产，也可采用分散的原则。成批生产应尽可能采用效率较高的机床，如转塔车床、多刀半自动车床、数控机床等，使工序适当集中。

对于重型零件，为了减少工件装卸和运输的劳动量，工序应适当集中；对于刚性差且精度高的精密工件，则工序应适当分散。

目前的发展趋势倾向于工序集中。

第四节 加工阶段的划分
与加工顺序的安排

一、加工阶段的划分

零件的加工，总是先粗加工后精加工，要求较高时还需光整加工。所谓划分加工阶段，就是把整个工艺过程划分成几个阶段，做到粗、精加工分开进行。粗加工的目的主要是切去大部分加工余量，精加工的目的主要是保证被加工零件达到规定的质量要求。加工质量要求较高的零件，应尽量将粗、精加工分开进行。

划分加工阶段的原因如下：

①保证加工质量。工件加工划分阶段后，因粗加工的加工余量大、切削力大等因素造成的加工误差，可通过半精加工和精加工逐步得到纠正，以保证加工质量。

②有利于合理使用设备。粗加工要求使用功率大、刚性好、生产率高、精度要求不高的设备。精加工则要求使用精度高的设备。划分加工阶段后，就可充分发挥粗加工、精加工设备的特点，避免以精干粗，做到合理使用设备。

③便于安排热处理工序，使冷、热加工工序配合得更好。例如：粗加工后工件残余应力大，可安排时效处理，消除残余应力；热处理引起的变形又可在精加工中消除等。

④便于及时发现毛坯缺陷。毛坯的各种缺陷，如气孔、砂眼和加工余量不足等，在粗加工后即可发现，便于及时修补或决定报废，以免继续加工后造成工时和费用的浪费。

⑤精加工、光整加工安排在后，可保护精加工和光整加工过的表面少受磕碰损坏。

在拟订工艺路线时，一般应把工艺过程划分成几个阶段进行，尤其是精度要求高、刚性差的零件。但对于批量较小、精度要求不高、刚性较好的零件，可不必划分加工阶段。对刚性好的重型零件，因装夹、吊运比较费时，往往也不划分加工阶段，而在一次安装下完成各表面的粗、精加工。应当指出，划分加工阶段是对整个工艺过程而言的，因而应以工件的主要加工面来分析，不应以个别表面（或次要表面）和个别工序来判断。

二、加工顺序的安排

复杂工件的机械加工工艺路线中包括切削加工、热处理和辅助工序。因此，在拟订工艺路线时，工艺设计人员要全面地把切削加工、热处理和辅助工序三者一起加以考虑。现分别对其阐述如下：

（一）切削加工工序的安排

1.先加工基准面

选为精基准的表面应安排在起始工序先进行加工，以便尽快为后续工序的加工提供精基准。

2.划分加工阶段

当工件的加工质量要求较高时，都应划分阶段，一般可分为粗加工、半精加工和精加工三个阶段。当加工精度和表面质量要求特别高时，还可增设光整加工和超精密加工阶段。

粗加工阶段是从坯料上切除较多余量，所能达到的精度和表面质量都比较低的加工过程。

半精加工阶段是在粗加工和精加工之间所进行的切削加工过程。

精加工阶段是从工件上切除较少余量，所得精度和表面质量都比较高的加工过程。

光整加工阶段是精加工后，从工件上不切除或切除极薄金属层，用以获得光洁表面或强化表面的加工过程。光整加工阶段一般不用来提高位置精度。

超精密加工阶段是按照超稳定、超微量切除等原则，实现加工尺寸误差和形状误差在 0.1 μm 以下的加工技术。

当毛坯余量特别大、表面非常粗糙时，在粗加工阶段前还有荒加工阶段。为能及时发现毛坯缺陷，减少运输量，荒加工阶段常在毛坯准备车间进行。

3.先面后孔

对于箱体、支架和连杆等工件，应先加工平面后加工孔。这是因为平面的轮廓平整，安放和定位比较稳定可靠，若先加工好平面，就能以平面定位加工孔，保证平面和孔的位置精度。此外，由于平面先加工好，给平面上的孔加工也带来方便，使刀具的初始切削条件得到改善。

4.次要表面可穿插在各阶段间进行加工

次要表面一般加工量都较少，加工比较方便。若把次要表面的加工穿插在各加工阶段之间进行，就能使加工阶段更加明显，同时又增加了阶段间的间隔时间，便于让工件上的残余应力重新分布并引起变形，进而在后续工序中纠正其变形。

综上所述，一般切削加工的顺序是：加工精基准→粗加工主要面→精加工主要面→光整加工主要面→超精密加工主要面，次要表面的加工穿插在各阶段之间进行。

（二）热处理工序的安排

热处理用于提高材料的力学性能、改善金属的加工性能以及消除残余应力。在制订工艺规程时，工艺设计人员要根据设计和工艺要求全面考虑。

1.预备热处理

预备热处理的目的是改善加工性能，为最终热处理做好准备和消除残余应力，如正火、退火和时效处理等。预备热处理应安排在粗加工前后和需要消除应力处。预备热处理放在粗加工前，可改善粗加工时材料的加工性能，并可减少车间之间的运输工作量；放在粗加工后，有利于粗加工后残余应力的消除。调质处理能得到组织均匀细致的回火索氏体，有时也作为预备热处理，常安排在粗加工后。

精度要求较高的精密丝杠和主轴等工件，常需多次安排时效处理，以消除残余应力，减少变形。

2.最终热处理

最终热处理的目的是提高工件力学性能，如调质、淬火、渗碳淬火、液体碳氮共渗和渗氮等都属最终热处理，应安排在精加工前后。变形较大的热处理，如渗碳淬火，应安排在精加工磨削前进行，以便在精加工磨削时纠正热处理的变形。变形较小的热处理，如渗氮等应安排在精加工后。

表面装饰性镀层和发蓝处理，一般都安排在机械加工完毕后进行。

（三）辅助工序的安排

辅助工序的种类较多，包括检验、去毛刺、倒棱、清洗、防锈、去磁及平衡等。辅助工序也是必要的工序，若安排不当或遗漏，则会给后续工序和装配带来困难，影响产品质量，甚至使设备不能使用。例如：未去净的毛刺将影响装夹精度、测量精度、装配精度以及工人安全；润滑油中未去净的切屑，将影响设备的使用质量；研磨、珩磨后没清洗过的工件会带入残存的砂粒，加剧工件在使用中的磨损；用磁力夹紧的工件没有安排去磁工序，会使带有磁性的工件进入装配线，影响装配质量。因此，要重视辅助工序的安排。辅助工序的安排不难掌握，问题是常被遗忘。

检验工序更是必不可少的工序。它对保证质量、防止产生废品起到重要作用。除了工序中自检，还需要在下列场合单独安排检验工序：

①粗加工阶段结束后。

②重要工序前后。

③送往外车间加工的前后，如热处理工序前后。

④全部加工工序完成后。

有些特殊的检验，如探伤等检查工件的内部质量，一般都安排在精加工阶段。密封性检验、工件的平衡和重量检验，一般都安排在工艺过程最后进行。

第五节 加工余量、工序尺寸、公差及时间定额的确定

一、确定加工余量

(一) 加工余量的概念

加工余量是指在加工过程中切去的金属层厚度。余量有工序余量和加工总余量(毛坯余量)之分。工序余量是相邻两工序的工序尺寸之差,加工总余量是毛坯尺寸与零件图样的设计尺寸之差。

由于工序尺寸有公差,故实际切除的余量大小不等。

图 2-16 表示工序余量与工序尺寸及其公差的关系。

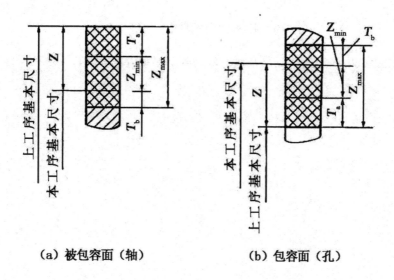

(a) 被包容面(轴)　　　　(b) 包容面(孔)

图 2-16 工序余量与工序尺寸及其公差的关系

由图 2-16 可知，工序余量的基本尺寸（简称基本余量或公称余量）Z 的计算如下：对于被包容面，有

$$Z=上工序基本尺寸-本工序基本尺寸;$$

对于包容面，有

$$Z=本工序基本尺寸-上工序基本尺寸.$$

为了便于加工，工序尺寸都按"入体原则"标注极限偏差，即被包容面的工序尺寸取上偏差为零，包容面的工序尺寸取下偏差为零，毛坯尺寸则按双向布置上、下偏差。工序余量和工序尺寸及其公差的计算公式为

$$\begin{cases} Z=Z_{\min}+T_{a}, \\ Z_{\max}=Z+T_{b}=Z_{\min}+T_{a}+T_{b}. \end{cases} \tag{2-4}$$

在上式中：$Z_{\min}$ 为最小工序余量；$Z_{\max}$ 为最大工序余量；T_{a} 为上工序尺寸的公差；T_{b} 为本工序尺寸的公差。

图 2-17 表示加工总余量与工序余量的关系。由图可得（适用于包容面和被包容面）

$$Z_{0}=Z_{1}+Z_{2}+\cdots+Z_{n}=\sum_{i=1}^{n}Z_{i}. \tag{2-5}$$

在上式中：Z_{0} 为加工总余量；Z_{i} 为各工序余量；n 为工序数。

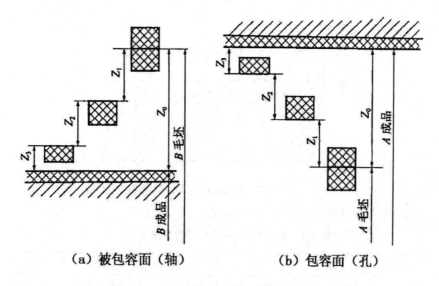

（a）被包容面（轴）　　　　　（b）包容面（孔）

图 2-17　加工总余量与工序余量的关系

加工余量有双边余量和单边余量之分。对于外圆和孔等回转表面，加工余量指双边余量，即以直径方向计算，实际切削的金属层厚度为加工余量的一半。平面的加工余量则是单边余量，它等于实际切削的金属层厚度。

（二）加工余量的影响因素

加工余量的大小对工件的加工质量和生产率均有较大的影响。加工余量过大，不仅会增加机械加工的劳动量，降低生产率，而且会增加材料、工具和电力的消耗，提高加工成本。若加工余量过小，则既不能消除上工序的各种表面缺陷和误差，又不能补偿本工序加工时工件的装夹误差，易造成废品。因此，应当合理地确定加工余量。确定加工余量的基本原则是，在保证加工质量的前提下越小越好。下面分析影响加工余量的各个因素。

1.上工序各种表面缺陷和误差的因素

（1）表面粗糙度 Ra 和缺陷层 D_a

本工序必须把上工序留下的表面粗糙度 Ra 全部切除，还应切除上工序在表面留下的一层金属组织已遭破坏的缺陷层 D_a，如图 2-18 所示。

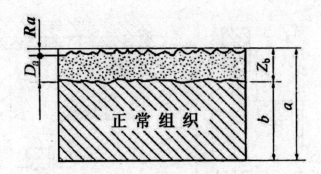

图 2-18   表面粗糙度及缺陷层

各种加工方法所得试验数据 Ra 和 D_a 见表 2-5。

表 2-5   各种加工方法所得试验数据 Ra 和 D_a

加工方法	Ra	Da	加工方法	Ra	Da
粗车	15～100	40～50	精扩孔	25～100	30～40
精车	5～45	30～40	粗铰	25～100	25～30
磨外圆	1.7～15	15～25	精铰	8.5～25	10～20
钻	45～225	40～60	粗车端面	15～225	40～60
扩钻	25～225	35～60	精车端面	5～54	30～40
粗镗	25～225	30～50	磨端面	1.7～15	15～35
精镗	5～25	25～40	磨内圆	1.7～15	20～30
粗扩孔	25～225	40～60	拉削	1.7～8.5	10～20
粗刨	15～100	40～50	磨平面	1.7～15	20～30
粗插	25～100	50～60	切断	45～225	60
精刨	5～45	25～40	研磨	0～1.6	3～5
精插	5～45	35～50	超级光磨	0～0.8	0.2～0.3
粗铣	15～225	40～60	抛光	0.06～1.6	2～5
精铣	5～45	25～40			

（2）上工序的尺寸公差 T_a

由图 2-16 可知，工序的基本余量中包括了上工序的尺寸公差 T_a。

（3）上工序的形位误差（也称空间误差）ρ_a

ρ_a 是指不由尺寸公差 T_a 所控制的形位误差。加工余量中要包括上工序的形位误差ρ_a。如图 2-19 所示的小轴，当轴线有直线度误差ω时，须在本工序中纠正，因而直径方向的加工余量应增加 2ω。

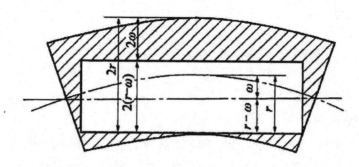

图 2-19　轴线直线度误差对加工余量的影响

ρ_a 的数值与加工方法和热处理方法有关，可通过有关工艺资料查得或通过试验确定。ρ_a 具有矢量性质。

2.本工序加工时的装夹误差因素

装夹误差包括工件的定位误差和夹紧误差，当用夹具装夹时，还有夹具在机床上的装夹误差。这些误差会使工件在加工时的位置发生偏移，所以加工余量还必须考虑装夹误差的影响。

装夹误差 ε_b 的数值，由分别求出的定位误差、夹紧误差和夹具的装夹误差相加而得。ε_b 也具有矢量性质。

综上所述，加工余量的基本公式为

$$Z_b = T_a + Ra + D_a + |\rho_a + \varepsilon_b| \quad （单边余量时），\qquad (2\text{-}6)$$

$$2Z_b = T_a + 2(Ra + D_a) + 2|\rho_a + \varepsilon_b| \quad （双边余量时）. \qquad (2\text{-}7)$$

在应用上述公式时，要结合具体情况进行修正。例如，在无心磨床上加工小轴或用浮动铰刀、浮动镗刀和拉刀加工孔时，都是采用自为基准原则，不计装夹误差 ε_b，形位误差ρ_a中仅剩形状误差，不计位置误差，故加工余量公式为

$$2Z_b = T_a + 2(Ra + D_a) + 2\rho_a. \qquad (2\text{-}8)$$

对于研磨、珩磨、超精磨和抛光等光整加工，若主要是为了改善表面粗糙度，则加工余量公式为

$$2Z_b = 2Ra.$$ （2-9）

若还需提高尺寸和形状精度，则加工余量公式为

$$2Z_b = T_a + 2Ra + 2 \mid \rho_a \mid .$$ （2-10）

（三）确定加工余量的方法

确定加工余量的方法有下列三种：

1.查表法

根据各工厂的生产实践和试验研究积累的数据，先制成各种表格，再汇集成手册。确定加工余量时查阅这些手册，再结合工厂的实际情况进行适当修改后确定。目前，中国各工厂广泛采用查表法。

2.经验估计法

经验估计法是根据实际经验确定加工余量。在一般情况下，为防止因余量过小而产生废品，经验估计的数值总是偏大。经验估计法常用于单件小批生产。

3.分析计算法

分析计算法是根据上述加工余量计算公式和一定的试验资料，对影响加工余量的各项因素进行分析，并计算确定加工余量。这种方法比较合理，但必须有比较全面和可靠的试验资料，目前只在材料十分贵重以及军工生产或少数大量生产的工厂中采用。

在确定加工余量时，要分别确定加工总余量和工序余量。加工总余量的大小与所选择的毛坯制造精度有关。用查表法确定工序余量时，粗加工工序余量不能用查表法得到，而是由总余量减去其他各工序余量而得。

二、确定工序尺寸及其公差

零件图样上的设计尺寸及其公差是经过各加工工序后得到的。每道工序的工序尺寸都不相同，它们是逐步向设计尺寸接近的。为了最终保证零件的设计要求，需要规定各工序的工序尺寸及其公差。

工序余量确定之后，就可计算工序尺寸。工序尺寸公差的确定，则要依据工序基准或定位基准与设计基准是否重合，采取不同的计算方法。

（一）基准重合时工序尺寸及其公差的计算

这是指工序基准或定位基准与设计基准重合，表面多次加工时，工序尺寸及其公差的计算。工件上外圆和孔的多工序加工都属于这种情况。此时，工序尺寸及其公差与工序余量的关系如图 2-16 和图 2-17 所示。其计算顺序是：先确定各工序余量的基本尺寸，再由后往前逐个工序推算，即由零件上的设计尺寸开始，由最后一道工序开始向前工序推算，直到毛坯尺寸。工序尺寸的公差都按各工序的经济精度确定，并按"入体原则"确定上、下偏差。

（二）基准不重合时工序尺寸及其公差的计算

工序基准或定位基准与设计基准不重合时，工序尺寸及其公差的计算比较复杂，需用工艺尺寸链来进行分析计算。

三、确定时间定额

机械加工生产率是指工人在单位时间内生产的合格产品的数量，或者指制造单件产品所消耗的劳动时间。它是劳动生产率的指标。机械加工生产率通常通过时间定额来衡量。

时间定额是指在一定的生产条件下，规定每个工人完成单件合格产品或某项工作所必需的时间。时间定额是安排生产计划、核算生产成本的重要依据，也是设计、扩建工厂或车间时计算设备和工人数量的依据。

完成零件一道工序的时间定额称为单件时间，它由下列部分组成：

（一）基本时间

基本时间（T_b）指直接改变生产对象的尺寸、形状、相对位置与表面质量或材料性质等工艺过程所消耗的时间。对机械加工而言，基本时间就是切除金属所耗费的时间（包括刀具切入、切出的时间）。时间定额中的基本时间可以根据切削用量和行程长度来计算。

（二）辅助时间

辅助时间（T_a）指为实现工艺过程所必须进行的各种辅助动作消耗的时间。它包括装卸工件，开、停机床，改变切削用量，试切和测量工件，进刀和退刀等所需的时间。

基本时间与辅助时间之和称为操作时间T_B，它是直接用于制造产品或零、部件所消耗的时间。

（三）布置工作场地时间

布置工作场地时间（T_{SW}）指为使加工正常进行，工人管理工作场地和调整机床等（如更换、调整刀具，润滑机床，清理切屑，收拾工具等）所需的时间，一般按操作时间的 2%～7%（以百分率α表示）计算。

（四）生理和自然需要时间

生理和自然需要时间（T_r）指工人在工作时为恢复体力和满足生理需要等消耗的时间，一般按操作时间的 2%～4%（以百分率β表示）计算。

以上四部分时间的总和称为单件时间T_p，即

$$T_P = T_b + T_a + T_{sw} + T_r = T_B + T_{sw} + T_r = (1+\alpha+\beta) T_B . \qquad (2-11)$$

（五）准备与终结时间

准备与终结时间（T_e）简称为准终时间，指工人在加工一批产品、零件时进行准备和结束工作所消耗的时间。加工开始前，通常都要熟悉工艺文件，领取毛坯、材料、工艺设备，调整机床，安装工具、刀具和夹具，选定切削用量等；加工结束后，需送交产品，拆下、归还工艺设备等。准终时间对一批工件来说只消耗一次，零件批量越大，分摊到每个工件上的准终时间T_e/n就越小，其中 n 为批量。因此，单件或成批生产的单件计算时间T_c应为

$$T_c = T_p + T_e / n = T_b + T_a + T_{sw} + T_r + T_e / n . \qquad (2-12)$$

在大量生产中，由于 n 的数值很大，$\frac{T_e}{n} \approx 0$，即可忽略不计，所以大量生产的单件计算时间T_c应为

$$T_c = T_P = T_b + T_a + T_{sw} + T_r . \qquad (2-13)$$

第六节　工艺尺寸链

一、尺寸链的定义和组成

（一）尺寸链的定义

在设备装配或零件加工过程中，由相互连接的尺寸形成封闭的尺寸组称为尺寸链。如图 2-20（a）所示的台阶零件，零件图样上标注设计尺寸 A_1 和 A_0。当用调整法最后加工表面 B 时（其他表面均已加工完成），为了使工件定位可靠和夹具结构简单，常选 A 面为定位基准，按尺寸 A_2 对刀加工 B 面，间接保证尺寸 A_0。这样，尺寸 A_1，A_2，A_0 在加工过程中，由相互连接的尺寸形成封闭的尺寸组，如图 2-20（b）所示，它就是一个尺寸链。

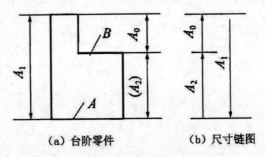

（a）台阶零件　　　　（b）尺寸链图

图 2-20　零件加工过程中的尺寸链

在设计、装配和测量过程中也都会形成类似的封闭尺寸组，即形成尺寸链。

（二）尺寸链的组成

为了便于分析和计算尺寸链，现对尺寸链中的各尺寸作如下定义：

①环：列入尺寸链中的每一尺寸。图 2-20 中的 A_1，A_2，A_0 都称为尺寸链的环。

②封闭环：尺寸链中在装配过程或加工过程最后（自然或间接）形成的一环。图 2-20 中的 A_0 是封闭环。封闭环以下角标"0"表示。

③组成环：尺寸链中对封闭环有影响的全部环。这些环中任一环的变动必然引起封闭环的变动。图 2-20 中的 A_1 和 A_2 均是组成环。组成环以下角标"i"表示，i 从 1 到 m，m 是环数。

④增环：尺寸链中的组成环。该环的变动引起封闭环同向变动。同向变动是指该环增大时封闭环也增大，该环减小时封闭环也减小。图 2-20 中的 A_1 是增环。

⑤减环：尺寸链中的组成环。该环的变动引起封闭环反向变动。反向变动是指该环增大时封闭环减小，该环减小时封闭环增大。图 2-20 中的 A_2 是减环。

二、尺寸链的特性和分类

（一）尺寸链的特性

①封闭性。由于尺寸链是封闭的尺寸组，因而它是由一个封闭环和若干个相互连接的组成环所构成的封闭图形，具有封闭性。不封闭就不能称为尺寸链，一个尺寸链有一个封闭环。

②关联性。由于尺寸链具有封闭性，所以尺寸链中的各环都相互关联。尺寸链中封闭环随所有组成环的变动而变动，组成环是自变量，封闭环是因变量。

（二）尺寸链的分类

①按环的几何特征可划分为长度尺寸链和角度尺寸链两种。

②按其应用场合可划分为装配尺寸链（全部组成环为不同零件的设计尺寸）、工艺尺寸链。设计尺寸是指零件图样上标注的尺寸，工艺尺寸是指工序尺寸、测量尺寸和定位尺寸等。必须注意零件图样上的尺寸不能注成封闭的。

③按各环所处空间位置可划分为直线尺寸链、平面尺寸链和空间尺寸链。

此外，尺寸链还可分为基本尺寸链和派生尺寸链（它的封闭环为另一尺寸链的组成环），标量尺寸链和矢量尺寸链等。

三、尺寸链图

尺寸链图是将尺寸链中各相应的环按大致比例，用首尾相接的单箭头线顺序画出的尺寸图。用尺寸链图可迅速判别组成环的性质，凡是与封闭环箭头方向同向的环是减环，与封闭环箭头方向反向的环是增环。

四、尺寸链的计算公式和计算形式

（一）尺寸链的计算公式

尺寸链的计算，是指计算封闭环与组成环的基本尺寸、公差及极限偏差之间的关系。计算方法分为极值法和统计（概率）法两类。极值法多用于环数少的尺寸链，统计（概率）法多用于环数多的尺寸链。以下介绍极值法解尺寸链的基本计算公式。

机械制造中的尺寸及公差要求，通常是用基本尺寸（A）及上、下偏差（ES_A、EI_A）来表示的。在尺寸链计算中，各环的尺寸及公差要求还可以用最大极限尺寸（A_{max}）和最小极限尺寸（A_{min}）或用平均尺寸（A_M）和公差（T_A）来表示。这些尺寸、偏差和公差之间的关系如图 2-21 所示。

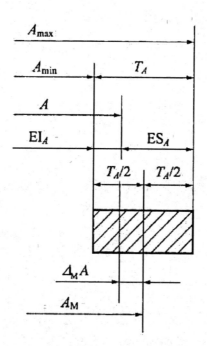

图 2-21 各种尺寸、偏差和公差之间的关系

由基本尺寸求平均尺寸可按下式进行:

$$A_{\mathrm{M}} = \frac{A_{\max} + A_{\min}}{2} = A + \Delta_{\mathrm{M}} A,$$

$$\Delta_{\mathrm{M}} A = \frac{\mathrm{ES}_A + \mathrm{EI}_A}{2}. \tag{2-14}$$

在上式中,$\Delta_{\mathrm{M}} A$ 为中间偏差。

1. 封闭环的基本尺寸

封闭环的基本尺寸等于所有增环基本尺寸之和减去所有减环尺寸之和,即

$$A_0 = \sum_{i=1}^{m} A_i - \sum_{j=m+1}^{n} A_j. \tag{2-15}$$

在上式中:A_0 为封闭环的基本尺寸;A_i 为增环的基本尺寸;A_j 为减环的基本尺寸;m 为增环的环数;n 为组成环的总环数(不包括封闭环)。

69

2.封闭环的极限尺寸

封闭环的最大极限尺寸等于增环的最大极限尺寸之和减去减环的最小极限尺寸之和，即

$$A_{0\max}=\sum_{i=1}^{m}A_{i\max}-\sum_{j=m+1}^{n}A_{j\min}. \qquad (2\text{-}16)$$

3.封闭环的上、下偏差

用封闭环的最大极限尺寸和最小极限尺寸分别减去封闭环的基本尺寸，可得到封闭环的上偏差 ES_0 和下偏差 EI_0，即

$$ES_0=A_{0\max}-A_0=\sum_{i=1}^{m}ES_i-\sum_{j=m+1}^{n}EI_j, \qquad (2\text{-}17)$$

$$EI_0=A_{0\min}-A_0=\sum_{i=1}^{m}EI_i-\sum_{j=m+1}^{n}ES_j. \qquad (2\text{-}18)$$

在上式中：ES_i 和 ES_j 分别为增环和减环的上偏差； EI_i 和 EI_j 分别为增环和减环的下偏差。

封闭环的上偏差等于所有增环上偏差之和减去所有减环下偏差之和，封闭环的下偏差等于所有增环下偏差之和减去所有减环上偏差之和。

4.封闭环的公差

封闭环的上偏差减去封闭环的下偏差，可求出封闭环的公差，即

$$T_0=ES_0-EI_0=\sum_{i=1}^{m}T_i+\sum_{j=m+1}^{n}T_j. \qquad (2\text{-}19)$$

在上式中，T_i 和 T_j 分别为增环和减环的公差。

式 2-19 表明，尺寸链封闭环的公差等于各组成环公差之和。由于封闭环公差比任何组成环的公差都大，因此在零件设计时，应尽量选择最不重要的尺寸作为封闭环。由于封闭环是加工中最后自然得到的，或者是装配的最终要求，

不能任意选择，因此为了减小封闭环的公差，就应当尽量减少尺寸链中组成环的环数。对于工艺尺寸链，则可通过改变加工工艺方案来达到减少尺寸链环数的目的。

5.封闭环的平均尺寸

封闭环的平均尺寸为

$$A_{0M}=\frac{A_{0max}+A_{0min}}{2}=A_0+\frac{ES_0+EI_0}{2}=\sum_{i=1}^{m}A_{iM}-\sum_{j=m+1}^{n}A_{jM}.$$

（2-20）

式 2-20 表明，封闭环的平均尺寸等于所有增环平均尺寸之和减去所有减环平均尺寸之和。

在计算复杂尺寸链时，当计算出有关环的平均尺寸后，先将其公差对平均尺寸作双向对称分布，写成$A_{0M}\pm T_0/2$ 的形式，全部计算完成后，再根据加工、测量等方面的需要，改注成具有整数基本尺寸和上、下偏差的形式。这样往往可使计算过程简化。

（二）尺寸链的计算形式

计算尺寸链时，会遇到下列三种形式：

①正计算形式：已知各组成环的基本尺寸、公差及极限偏差，求封闭环的基本尺寸、公差及极限偏差。它的计算结果是唯一的。此形式常出现在产品设计的校验工作中。

②反计算形式：已知封闭环的基本尺寸、公差及极限偏差，求各组成环的基本尺寸、公差及极限偏差。由于组成环有若干个，所以反计算形式是将封闭环的公差值合理地分配给各组成环，以求得最佳分配方案。此形式常出现在产品设计工作中。

③中间计算形式：已知封闭环和部分组成环的基本尺寸、公差及极限偏差，求其余组成环的基本尺寸、公差及极限偏差。工艺尺寸链的计算多属此种计算

形式。

五、工艺尺寸链的建立和计算方法

应用工艺尺寸链解决实际问题的关键是找出工艺尺寸之间的内在联系,确定封闭环及组成环,即建立工艺尺寸链。当确定好尺寸链的封闭环及组成环后,就能运用尺寸链的计算公式进行具体计算。下面,由简到繁,通过几种典型的应用实例,分析工艺尺寸链的建立和计算方法。

(一)工艺基准与设计基准重合时工艺尺寸链的建立和计算

这种情况就是工序基准、定位基准、测量基准与设计基准重合,表面多次加工时工序尺寸及其公差的计算。现用工艺尺寸链来分析工序尺寸和余量之间的关系。如图 2-22 所示,上工序尺寸 A_1、本工序尺寸 A_2 和工序基本余量 Z 形成三环的工艺尺寸链。在尺寸链中,A_1 在本工序加工前已经形成,在一般情况下,尺寸 A_2 是本工序控制的工序尺寸,因而它们都是组成环。只有工序基本余量 Z 是最后形成的环,即封闭环。每个工序基本余量都是一个三环工艺尺寸链的封闭环。工艺尺寸链建立后,就可按尺寸链的计算公式计算各尺寸及其公差。如图 2-22 所示尺寸链是直线尺寸链,因而

$$Z = A_1 - A_2,$$

$$T_Z = T_1 + T_2. \tag{2-21}$$

在上式中:T_Z 为余量的公差;T_1 为工序尺寸 A_1 的公差;T_2 为工序尺寸 A_2 的公差。

由式 2-21 可知:工序余量的基本值影响工序尺寸的基本尺寸,工序尺寸的公差则影响工序余量的变化。在一般情况下,工序尺寸的公差按经济精度选

定后，就可计算最大工序余量和最小工序余量，并验算工序余量是否过大或过小，以便修改工序余量。

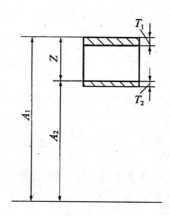

图 2-22 余量为封闭环的三环尺寸链

若加工时直接控制工序余量，而不是直接控制工序尺寸，如靠火花磨削，则工序余量就成为组成环，而本工序的工序尺寸是最后形成的封闭环。

（二）工艺基准与设计基准不重合时工艺尺寸链的建立和计算

为简便起见，设工序基准与定位基准或测量基准重合（在一般情况下与生产实际相符），此时，工艺基准与设计基准不重合，就变为测量基准或定位基准与设计基准不重合的两种情况。

1.测量基准与设计基准不重合时测量尺寸的换算

第一，测量尺寸的换算。

如图 2-23 所示的套筒零件，设计图样上根据装配要求标注尺寸 $50_{-0.17}^{0}$ mm 和 $10_{-0.36}^{0}$ mm，大孔深度尺寸未标注。零件上设计尺寸 A_1（$50_{-0.17}^{0}$ mm）、A_2（$10_{-0.36}^{0}$ mm）和大孔的深度尺寸形成零件尺寸链，如图 2-23（b）所示。大

孔深度尺寸 A_0 是最后形成的封闭环，根据计算公式可得 $A_0 = 40^{+0.36}_{-0.17}$ mm。

加工时，由于尺寸 $10^0_{-0.36}$ mm 测量比较困难，改用游标深度尺测量大孔深度，因而 $10^0_{-0.36}$ mm 就成为如图 2-23（c）所示工艺尺寸链的封闭环 A'_0，组成环为 $A'_0 = 50^0_{-0.17}$ mm 和 A'_2。根据计算公式可得 $A'_2 = 40^{+0.19}_0$ mm。

比较大孔深度的测量尺寸 $A'_2 = 40^{+0.19}_0$ mm 和原设计要求 $A_0 = 40^{+0.36}_{-0.17}$ mm 可知，由于测量基准与设计基准不重合，就要进行尺寸换算。换算的结果明显地提高了对测量尺寸的精度要求。

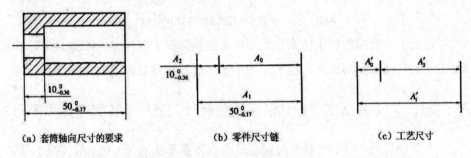

（a）套筒轴向尺寸的要求　　（b）零件尺寸链　　（c）工艺尺寸

图 2-23　测量尺寸的换算（mm）

第二，假废品的分析。

对零件进行测量，当 A'_2 的实际尺寸在 $A'_2 = 40^{+0.19}_0$ mm 之间、A'_1 的实际尺寸在 $50^0_{-0.17}$ mm 之间时，A'_0 必在 $10^0_{-0.36}$ mm 之间，零件为合格品。

若 A'_2 的实际尺寸超出 $A'_2 = 40^{+0.19}_0$ mm 范围，但仍在原设计要求 $40^{+0.36}_{-0.17}$ mm 之间，工序检验时则认为该零件为不合格品。此时，检验人员将会逐个测量另一组成环 A'_1，由 A'_1 和 A'_2 的具体值计算出 A'_0 值，并判断零件是否合格。

假如 A_2' 的实际尺寸比换算后允许的最小值（ $A_{2\min}' = 40$ mm）还小 0.17 mm，

即 $A_{2c}' = （40-0.17）$ mm $= 39.83$ mm，如果 A_1' 刚巧也为最小，即 $A_{1\min}' = （50-$

$0.17）$ mm $= 49.83$ mm。

同样，当 A_2' 的实际尺寸比换算后允许的最大值（ $A_{2\max}' = 40.19$ mm）还大

0.17 mm，即 $A_{2c}' = （40.19+0.17）$ mm $= 40.36$ mm，如果 A_1' 刚巧也为最大，即

$A_{1\max}' = 50$ mm，则此时 A_0' 的实际尺寸为 $A_0' = A_{1\max}' - A_{2c}' = （50-40.36）$ mm $=$

9.64 mm，零件仍为合格品。

由上可见，在实际加工中，由于测量基准与设计基准不重合，因而要换算

测量尺寸。如果零件换算后的测量尺寸超差，只要它未超出按零件图尺寸链计

算出的尺寸（ $40^{+0.36}_{-0.17}$ mm）范围，则该零件有可能是假废品，应对该零件进行复

检，逐个测量并计算出零件的实际尺寸，由零件的实际尺寸来判断合格与否。

第三，设计工艺设备来保证设计尺寸。

图 2-24（a）所示轴承座零件，设计尺寸为 $50^{0}_{-0.1}$ mm 和 $10^{0}_{-0.5}$ mm（尺寸

标注在图样上方）。由于设计尺寸 $50^{0}_{-0.1}$ mm 在加工时不易测量，如改测尺寸

x，则尺寸 10 mm、50 mm 和 x 形成工艺尺寸链，其中尺寸 50 mm 是封闭环。

由于封闭环的公差已小于组成环 10 mm 的公差，所以必须压缩尺寸 10 mm 的

公差至 T_{10}'，使 $T_{50} \geqslant T_{10}' + T_x$。设 $T_{10}' = 0.05$ mm，并标注为 $10^{0}_{-0.5}$ mm，则通过计

算求得 $x = 60^{-0.05}_{-0.01}$ mm。可见，换算后的测量尺寸精度高于原设计要求。

在成批和大量生产中，可设计心轴和卡板来进行加工和测量，如图 2-24（b）

所示。图中尺寸 50 mm、80 mm 和 b 形成工艺尺寸链，其中 $50^{0}_{-0.1}$ mm 是封闭环。组成环 80 mm 尺寸因是夹具尺寸，故定为 $80^{0}_{-0.02}$ mm，通过计算可得另一组成环 b 为 $30^{+0.08}_{0}$ mm，即卡板的过端和止端尺寸。

由上述分析可知，因测量基准与设计基准不重合，仍要进行尺寸换算，所不同的是工艺尺寸链中的组成环用夹具尺寸替代零件尺寸，从而降低了对测量尺寸的精度要求。但是，该测量尺寸的精度要求仍然比原设计要求高（由原设计要求的公差 0.1 mm 缩小到 0.08 mm）。可见，最理想的方案是避免测量尺寸的换算。

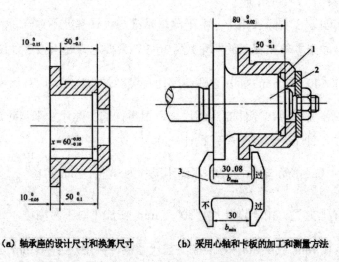

(a) 轴承座的设计尺寸和换算尺寸　　**(b) 采用心轴和卡板的加工和测量方法**

1—工件；2—心轴；3—卡板。

图 2-24　轴承座的尺寸换算、加工和测量方法（mm）

2.定位基准与设计基准不重合时工序尺寸及其公差的换算

如图 2-25 所示，定位基准与设计基准不重合时，用调整法加工主轴箱箱体孔的尺寸关系。此时，孔的设计基准是底面 D，设计尺寸为 B；孔的定位基准是顶面 F，工序尺寸为 A。应该怎样确定工序尺寸 A 及其公差 T_A，才能保证

设计尺寸 B 及其公差 T_B 的要求呢？

首先，要建立设计尺寸 B 和工序尺寸 A 之间的工艺尺寸链，然后进行尺寸链计算，确定工序尺寸 A 及其公差 T_A。

如图 2-25 所示包含 A，B，C 三尺寸的工艺尺寸链，即为所求尺寸链。其中，尺寸 C 是上工序尺寸，尺寸 A 是本工序加工时控制的尺寸，因而都是组成环，只有设计尺寸 B 才是最后形成的封闭环。它们之间的公差关系可按尺寸链计算公式确定，即

$$T_B = T_A + T_C$$

在上式中，已知设计尺寸公差 T_B，因而工序尺寸公差可由设计尺寸的公差按"反计算"形式分配而得。

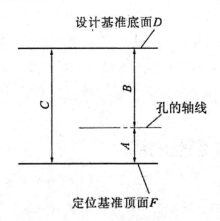

图 2-25　定位基准与设计基准不重合时工序尺寸的换算

综上可知，定位基准与设计基准不重合时，工序尺寸及其公差的换算方法是：先找出以设计尺寸为封闭环、以工序尺寸为组成环的工艺尺寸链，再按尺寸链"中间计算"形式分配工序尺寸公差。

第七节　机床与工艺设备的选择

一、机床的选择

确定了工序集中或工序分散的原则后，基本上也就确定了机床的类型。若采用机械集中，则选用高效自动加工的机床，如多刀、多轴机床；若采用组织集中，则选用通用机床。此外，选择机床时还应考虑以下几方面：

①机床精度与工件精度相适应。

②机床规格与工件的外形尺寸相适应。

③与现有加工条件相适应，如机床负荷的平衡状况等。如果没有现成机床供选用，那么经过方案的技术经济分析后，也可提出专用机床的设计任务书或改装旧机床。

二、工艺设备的选择

工艺设备选择的合理与否，将直接影响工件的加工精度、生产效率和经济性。应根据生产类型、具体加工条件、工件结构特点和技术要求等选择工艺设备。

（一）夹具的选择

单件小批生产首先采用各种通用夹具和机床附件，如卡盘、机床用平口虎钳、分度头等。有组合夹具站的，可采用组合夹具。对于中、大批和大量生产，为提高劳动生产率可采用专用高效夹具。中、小批生产应用成组技术时，可采用可调夹具和成组夹具。

（二）刀具的选择

一般优先采用标准刀具。若采用机械集中，则应采用各种高效的专用刀具、复合刀具和多刃刀具等。刀具的类型、规格和精度等级应符合加工要求。

（三）量具的选择

单件小批生产应广泛采用通用量具，如游标卡尺、百分表和千分尺等。大批大量生产应采用极限量块和高效的专用检验夹具及量仪等。量具的精度必须与加工精度相适应。

第三章　机械制造工艺装备设计

第一节　金属切削机床

一、金属切削机床总体设计

机床设计是一种创造性的劳动，它是机床设计师根据市场的需求、现有的制造条件和新工艺的发展，运用有关的科学技术知识进行的。机床设计的发展经历了以下三个阶段：经验类比阶段、以实验为基础围绕机床性能开展研究的阶段和计算机辅助设计阶段。

20 世纪 60 年代中期以来，现代科学技术的成就为机床设计提供了大量的测试数据，理论研究也有了新的进展，尤其是计算机的应用，使机床设计开始进入计算机辅助设计和优化阶段，可自动地对设计方案进行分析比较，从而选出最佳方案，也可对主要零部件进行强度、刚度等的校核及误差计算，从而提高了机床设计的质量和效率。

（一）机床设计应满足的基本要求

1.工艺范围

机床是用来完成工件表面加工的，应该具备完成一定工艺范围（包括加工方法、工件类型、表面形状、尺寸等）的加工功能，因此也可以把工艺范围称为机床的加工功能。根据机床的工艺范围，可将机床设计成为通用机床、专门化机床和专用机床三种不同类型。

通用机床可用于加工多种零件的不同工序，其工艺范围较宽，通用性较好，但结构复杂，如卧式车床、万能升降台铣床、摇臂钻床等，这类机床主要适用于单件小批生产；专门化机床则用于加工某一类或几类零件的某一道或几道工序，其工艺范围较窄，如曲轴车床、凸轮轴车床等；专用机床的工艺范围最窄，相应的功能最少，通常只能完成某一特定零件的特定工序，如汽车、拖拉机制造企业中大量使用各种组合机床，这类机床适用于大批大量生产。

机床的功能主要根据被加工对象的批量来选择。大批大量生产用的专用机床的功能设置较少，只要能满足特定的工艺范围就行，以获得提高生产率、缩短机床制造周期与降低机床成本的效果。单件小批生产用的通用机床则应扩大机床的功能。数控机床是一种能进行自动化加工的通用机床，数字控制的优越性常使其工艺范围比普通机床更宽，更适用于机械制造业多品种小批生产的要求。加工中心机床由于具有刀库和自动换刀装置等，一次装夹能进行多面多工序加工，不仅工艺范围宽，而且有利于提高加工效率和加工精度。

2.精度和精度保持性

要保证被加工工件达到要求的精度和表面粗糙度，并能在机床长期使用中满足这些要求，机床本身必须具备的精度称为机床精度。机床精度分为机床本身的精度，如几何精度、运动精度、传动精度、定位精度、工作精度，以及精度保持性等几个方面。机床精度是反映机床零部件加工和装配误差大小的重要技术指标。

（1）几何精度

几何精度是指机床在空载条件下，不运动（机床主轴不转或工作台不移动等情况下）和运动速度较低时各主要部件的形状、相互位置和相对运动的精确程度，如导轨的直线度、主轴径向跳动及轴向窜动、主轴中心线滑台移动方向的平行度或垂直度等。几何精度直接影响加工工件的精度，是评价机床质量的基本指标。它主要取决于结构设计、制造和装配质量。

（2）运动精度

运动精度是指机床空载并以工作速度运行时主要零部件的几何位置精度。它包括回转主轴回转精度（如主轴轴心漂移）和直线运动的不均匀性（如运动速度周期性波动）等。对高速精密机床来说，运动精度是评价其质量的一个重要指标。运动精度与传动链的设计、制造和装配质量等因素有关。

（3）传动精度

传动精度是指机床内联系传动链各末端执行件之间相对运动的准确性、协调性和均匀性。如对于精密丝杠车床主轴和刀架之间的传动链以及滚齿机刀具主轴和工件主轴之间的传动链，要求传动链两端执行件保持严格的传动比。影响传动精度的主要因素是传动系统的设计、传动元件的制造和装配精度。

（4）定位精度

定位精度是指机床的定位部件运动到达规定位置的精度，即实际位置与要求位置之间误差的大小。定位精度直接影响被加工工件的尺寸精度和形位精度。机床构件和进给系统的精度、刚度以及其动态特性，机床测量系统的精度都将影响机床定位精度。

（5）工作精度

加工规定的试件，用试件的加工精度表示机床的工作精度。工作精度是各种因素综合影响的结果，不仅能综合反映上述各项精度，还能反映机床的刚度、抗振性和热稳定性，以及刀具、工件的刚度和热变形等特性。

（6）精度保持性

精度保持性是指机床在规定的工作期内保持其原始精度的能力，一般由机床某些关键零件，如主轴、导轨、丝杠等的首次大修期所决定，中型机床的首次大修期应保证在 8 年以上。影响精度保持性的主要因素是磨损。为了提高机床的精度保持性，要特别注意关键零件的选材和热处理，尽量提高其耐磨性，同时还要采用合理的润滑和防护措施。

机床按精度可分为普通精度机床、精密机床和高精度机床。以上三种等级的机床均有相应的精度标准，其允差若以普通级为 1，则大致比例为 1∶0.4∶0.25。

3.刚度

刚度是指机床系统抵抗变形的能力。作用在机床上的载荷有重力、夹紧力、切削力、传动力、摩擦力、冲击振动干扰力等。载荷按照其性质的不同可分为静载荷和动载荷，静载荷如切削力的静态部分，随时间变化的动载荷如冲击振动力以及切削力的交变部分等，因此机床的刚度相应地分为静刚度和动刚度，后者是抗振性的一部分。习惯上所说的刚度一般是指静刚度。

机床是由许多构件组合成的，在载荷作用下各构件及接合部都要产生变形，这些变形直接或间接地引起刀具和工件之间的相对位移，这个位移的大小代表机床的整体刚度。因此，机床整机刚度不能用某个零部件的刚度评价，而是指整台机床在静载荷作用下，各构件及接合面抵抗变形的综合能力。显然，刀具和工件之间的相对位移影响加工精度，同时静刚度对机床抗振性、生产率等均有影响。

国内外对结构刚度和接触刚度做了大量的研究工作，机床的接触刚度不仅与接触面的材料、几何尺寸、硬度有关，还与接触面的表面粗糙度、加工方法、相对运动方向、接触面间的介质、预紧力等因素有关。在设计中既要考虑提高各部件的刚度，同时也要考虑接合部的刚度及各部件间刚度的匹配。各个部件对机床整机刚度的贡献大小是不同的，设计中应进行刚度的合理分配或优化。

4.抗振性和切削稳定性

抗振性是机床在交变载荷作用下抵抗变形的能力。它包括两方面：抵抗受迫振动的能力和抵抗自激振动的能力。前者有时习惯上被称为抗振性，后者常被称为切削稳定性。

受迫振动的振源可能来自机床内部，如高速回转零件的不平衡等，也可能来自机床之外。机床受迫振动的频率与振源激振力的频率相同，振幅与激振力大小及机床阻尼比有关。当激振频率与机床的固有频率接近时，机床将呈现"共振"现象，使振幅激增，加工表面的粗糙度也将大大增加。机床是由许多零部件组成的复杂振动系统，具有多个固有频率。在其中某一个固有频率下自由振动时，各点振幅的比值称为主振型。对应于最低固有频率的主振型称为一阶主振型，依次有二阶、三阶等主振型。机床的振动是各阶主振型的合成。一般只需要考虑对机床性能影响最大的几个低阶振型，如整机摇摆、一阶弯曲、扭转等振型，即可较准确地表示机床实际的振动。

自激振动（颤振）是发生在刀具和工件之间的一种相对振动，它在切削过程中出现，由切削过程和机床结构动态特性之间的相互作用而产生，即由于内部具有某种反馈机制而产生自激振动。其频率与机床系统固有频率相接近。自激振动一旦出现，它的振幅就会由小到大快速增加。在一般情况下，切削用量增加，切削力越大，自激振动就越剧烈；但切削过程停止，振动立即消失，故自激振动也称为切削稳定性。

机床振动会降低加工精度、工件表面质量和刀具耐用度，影响生产率并加速机床的损坏，而且会产生噪声，使操作者疲劳等。故提高机床抗振性是机床设计中的一个重要课题。

影响机床振动的主要因素如下：

①机床的刚度。如构件的材料选择、截面形状、尺寸、肋板分布、接触表面的预紧力、表面粗糙度、加工方法、几何尺寸等。

②机床的阻尼特性。提高阻尼是减小振动的有效方法。机床结构的阻尼包括构件材料的内阻尼和部件接合部的阻尼。接合部的阻尼往往占总体的70%～90%，故在结构设计中正确处理接合部对抗振性的影响很大。接合部的摩擦阻尼又取决于接触面积、表面状态和预紧力等因素。

③机床系统的固有频率。若激振频率远离固有频率，将不出现共振。在设计阶段通过分析计算来预测所设计机床的各阶固有频率是很有必要的。

为了提高机床的抗振性能，应采取下列必要的措施：

①提高机床主要零部件及整机的刚度，提高其固有频率，使其远离机床内部和外部振源的频率。

②改善机床的阻尼性能，特别注意机床零件接合面之间的接触刚度和阻尼，对滚动轴承及滚动导轨进行适当的预紧。

③改善旋转零部件的动平衡状况，减少不平衡激振力，这一点对高精度机

床尤为重要。

5.热变形

在工作时由于受到内部热源和外部热源的影响,机床各部分温度会发生变化。因不同材料的热膨胀系数不同,机床各部分的变形也不同,从而导致机床产生热变形。据统计,热变形使加工工件产生的误差最大可占全部误差的70%,特别是对于精密机床、大型机床以及自动化机床来说,热变形的影响是不容忽视的。

机床工作时,一方面产生热量,另一方面又要向周围发散热量。如果机床热源单位时间产生的热量一定,那么由于开始时机床的温度较低,与周围环境之间的温差小,散发出的热量少,机床温度升高较快;随着机床温度的升高,与周围环境的温差加大,散热增加,机床温度的升高将逐渐减慢。当达到某一温度时,单位时间内产生的热量等于散出的热量,即达到热平衡,达到稳定温度的时间一般称为热平衡时间。机床各部分的温度不可能相同,热源处最高,离热源越远则温度越低,这就形成了温度场。通过温度场可分析机床热源并了解热变形的影响。温度场的分布可通过实测和电模拟方法确定,近年来还发展出了用模型试验法和有限元法来确定温度场和热变形。

在设计机床时应特别注意机床内部热源的影响,一般可采用下列措施减少热源发热的影响:①将热源置于易散热的位置;②增加散热面积;③强迫通风冷却;④将热源的部分热量移至构件温升较低处以减少构件的温差;⑤设计机床预热、自动温度控制、温度补偿装置;⑥采取隔热措施。

6.噪声

机床在工作中的振动还会产生噪声,机床噪声的大小能反映机床设计与制造的质量,噪声过大还会造成噪声污染。随着现代机床切削速度的提高、功率的增大、自动化功能的增多,机床的噪声污染问题也越来越严重,因此降低噪声是机床设计者的重要任务之一。根据有关规定,普通机床和精密机床产生的噪声不能超过 85 dB,高精度机床产生的噪声不超过 75 dB,对于要求严格的机床,前者产生的噪声应压缩到 78 dB,后者产生的噪声应降低到

70 dB。除对声压有限制外，对机床产生的噪声的品质也有严格要求，要求其产生的噪声不能有尖叫声和冲击声。机床噪声包括机械噪声、液压噪声、电磁噪声和空气动力噪声等不同分类，在机床设计中要提高传动质量，减少摩擦、振动和冲击，减少机床噪声。

7.低速运动平稳性

机床上有些运动部件，需要做低速或微小位移。当运动部件低速运动时，主动部件匀速运动，被动部件往往出现明显的速度不均匀的跳跃式运动（时走时停或者时快时慢）现象，这种现象称为"爬行"。机床抵抗爬行的能力称为低速运动平稳性。

机床运动部件产生爬行，会影响工件的加工精度和表面粗糙度。如精密机床和数控机床加工中的定位运动速度很低或位移极小，若产生爬行，则会影响定位精度。在精密、自动化及大型机床上，爬行的危害极大，机床抵抗爬行的能力是评价机床质量的一个重要指标。

爬行是一个很复杂的现象，目前一般认为它是摩擦自激振动现象，产生这一现象的主要原因是摩擦面上摩擦系数的变化和传动机构的刚度不足。

8.生产率和自动化程度

要提高机床的生产率，可以采用先进刀具来提高切削速度；采用大切深、大进给、多刀、多件、多工位加工等方法可以缩短切削时间；采用空行程机动快速移动、自动工件夹紧、自动测量和快速换刀等方法可以缩短辅助时间。

机床自动化加工可以减少人对加工的干预，减少人工失误，保证加工质量；减轻劳动强度，改善劳动环境；减少辅助时间，提高劳动生产率。机床的自动化可分为大批大量生产自动化和单件小批生产自动化。大批大量生产自动化，通常采用自动化单机（如自动机床、组合机床或经过改造的通用机床）和由它们组成的自动生产线。对于单件小批生产自动化，则必须采用数控机床等柔性自动化设备，在数控机床及加工中心的基础上，配上由计算机控制的物料输送和装卸装备，可构成柔性制造单元和柔性制造系统。

9.柔性

随着多品种小批生产的发展，人们对机床的柔性要求越来越高。机床的柔性，是指其适应加工对象变化的能力，包括空间上的柔性和时间上的柔性。所谓空间上的柔性，也就是功能柔性，指的是在同一个时期内，机床能够适应多品种小批量的加工，即机床的运动功能和刀具数目多，工艺范围广，一台机床具备几台机床的功能，因此在空间上布置一台高柔性机床，其作用等于布置了几台机床。所谓时间上的柔性，也就是结构柔性，指的是在不同时期，机床各部件重新组合构成新的机床的功能，即通过机床重构，改变其功能，以适应产品更新变化的要求。例如，在单件或极小批量柔性制造系统中，经过识别装置对下一个待加工的工件进行识别，根据其加工要求，在作业线上就可自动进行机床功能重构，有些重构几秒钟内即可完成，这就要求机床的功能部件具有快速分离与组合的特性。

10.成本和生产周期

成本贯穿于产品的整个生命周期，包括设计、制造、包装、运输、使用、维修和报废处理等的费用，是衡量产品市场竞争能力的重要指标，应在尽可能保证机床性能要求的前提下，提高其性能价格比。一般来说，机床成本的80%左右在设计阶段就已经确定，为了尽可能地降低机床的成本，机床设计工作应在满足用户要求的前提下，努力做到结构简单、工艺性好，方便制造、装配、检验与维护，机床结构要模块化，品种要系列化，尽量提高零部件的通用化和标准化水平。为了快速响应市场需求变化，生产周期（包括设计和制造）成为衡量产品市场竞争力的重要指标，因此应尽可能缩短机床的生产周期。这就要求机床设计应尽可能采用现代设计方法，如计算机辅助设计、模块化设计等。

11.可靠性

应保证机床在规定的使用条件下，在规定的时间内，完成规定的加工功能，无故障运行的概率要高。

（1）平均故障间隔

平均故障间隔是指发生多次故障但经修理能继续使用的机床，相邻故障之间工作时间的平均值。

（2）故障率

故障率是指机床工作到某一时刻时，在连续的单位时间内发生故障的概率，可用发生故障的条件概率密度函数表示。

衡量机床的可靠性是在使用阶段，但决定机床的可靠性却主要是在设计和研制阶段，所以必须把提高可靠性的重点放在机床设计阶段。

12.宜人性

宜人性是指为操作者提供舒适、安全、方便、省力的劳动条件的程度。机床设计要求布局合理、操作方便、造型美观、色彩悦目，符合人体工程学原理和工程美学原理，使操作者有舒适感、轻松感，以便降低操作者的疲劳感，避免发生事故，提高劳动生产率。机床的操作不仅要求安全可靠、方便省力，还要有误动作防止、过载保护、极限位置保护、有关动作的连锁、切屑防护等安全措施，切实保护操作者和设备的安全。机床工作中要低噪声、低污染、无泄漏、清洁卫生、符合绿色生产要求。应该指出的是，在当前激烈的市场竞争中，机床的宜人性具有先声夺人的效果，在产品设计中应该给予高度重视。

13.与物流系统的可亲性

可亲性就是指机床与物料系统之间进行物料（工件、刀具、切屑等）交接的方便程度。单机工作形式的普通机床是由人进行物料交接的，要求机床使用、操作、清理、维护方便。对于自动化柔性制造系统，机床与物料系统（如输送线）是自动进行物料交接的，要求机床结构形式开放性好，物料交接方便。

机床总体设计是机床设计的关键环节，它对机床所能达到的技术性能和经济性能有着决定性的作用。

（二）机床的设计步骤

机床设计大致包括总体设计、技术设计、零件设计与资料编写、样机试制与试验鉴定四个步骤。

1.总体设计

（1）掌握机床的设计依据

根据设计要求，进行调查研究，检索有关资料。这些资料包括：技术信息、实验研究成果、新技术的应用成果等，类似机床的使用情况，要设计的机床的先进程度、国际水平等。另外，可通过市场调研、搜集资料，掌握机床设计的依据。

（2）工艺分析

将获得的资料进行工艺分析，拟订出几个加工方案，进行经济效果预测对比，从中找出性能优良、经济实用的工艺方案（加工方法、多刀多刃等），必要时画出加工示意图。

（3）总体布局

按照确定的工艺方案，进行机床总体布局，进而确定机床刀具和工件的相对运动，确定各部件的相互位置。其步骤是：分配机床运动，选择传动形式和机床的支承形式，安排操作位置，拟定提高动刚度的措施，设计造型与选择色彩；另外，应画出传动原理图、主要部件的结构草图、液压系统原理图、电气控制电路图、操纵控制系统原理图；还要画出机床联系尺寸图，图中应包括各部件的轮廓尺寸和各部件间的相互关系尺寸，以检查部件正确的空间位置并确保其协调运动。

总体设计阶段应采用可靠性设计原理，进行预防故障设计，即按下述六项原则进行设计：

①采用成熟的经验或经分析试验验证了的方案。

②结构简单，零部件数量少。

③多用标准化、通用化零部件。

④重视维修性，便于检修、调整、拆换。

⑤重视关键零件的可靠性和材料选择。

⑥充分运用故障分析成果，及时反馈，尽早改进。利用概率设计，将所设计零件的失效概率限制在允许的范围内，以满足可靠性定量的要求。

（4）确定主要的技术参数

主要技术参数包括尺寸参数、运动参数和动力参数。尺寸参数主要是对机床加工性能影响较大的一些尺寸。运动参数是指机床主轴转速或主运动速度，以及移动部件的速度等。动力参数包括电动机的功率、伺服电动机的功率或转矩、步进电动机的转矩等。

2.技术设计

根据已确定的主要技术参数设计机床的运动系统，画出传动系统图。设计时，可采用计算机辅助设计、可靠性设计以及优化设计，绘制部件装配图、电气系统接线图、液压系统和操纵控制系统装配图。修改完善机床联系尺寸图，绘制总装配图及部件装配图。

3.零件设计与资料编写

绘制机床的全部零件图，并及时反馈信息，修改完善部件装配图和总图。整理编写零件明细表、设计说明书，制定机床的检验方法和标准、使用说明书等有关技术文件。

4.样机试制与试验鉴定

零件设计完成后，应进行样机试制。设计人员应根据设计要求，采购标准件、通用件。在试制过程中，设计人员应跟踪试制全过程，特别要重视关键零件，及时指导修正其加工工艺，及时指导加工装配，确保样机制造质量。

样机试制后，进行空车试运转，随后进行工业性试验，即在额定载荷下进行试验工作，按规定使其工作一段时间后，检测其精度，并写出工业性试验报告，然后进行样机鉴定。根据工业性试验报告和鉴定意见改进、完善设计，并进行批量生产。

（三）机床的总体结构方案设计

根据已确定的运动功能分配进行机床的结构布局设计。

1.分配机床的运动

机床运动的分配应掌握四个原则：

（1）将运动分配给质量小的零部件

运动件质量小，惯性小，需要的驱动力就小，传动机构体积小，一般来说，制造成本就低。例如：铣削小型工件的铣床，铣刀只有旋转运动，工件的纵向、横向、垂直运动分别由工作台、床鞍、升降台实现；加工大型工件的龙门铣床，工件、工作台质量之和远大于铣削动力头的质量，铣床主轴有旋转运动和垂直、横向两个方向的移动，工作台带动工件只做纵向往复运动；大型镗铣中心，工件不动，全部进给运动都由镗铣床主轴箱完成。

（2）运动分配应有利于提高工件的加工精度

运动部件不同，其加工精度不同。例如：工件钻孔，钻头旋转并轴向进给，钻孔精度较低；在深孔钻床上钻孔时，工件旋转，专用深孔钻头轴向进给移动，切削液从钻杆周围进入冷却钻头，并将切屑从空心钻杆中排出，这类深孔钻床加工的孔，其精度高于一般钻孔。

（3）运动分配应有利于提高运动部件的刚度

运动应分配给刚度高的部件。例如：小型外圆磨床，工件较短，工作台结构简单、刚度较高，纵向往复运动则由工作台完成；而大型外圆磨床，工件较长，工作台相对较窄，往复运动时，支承导轨的长度大于工件长度的两倍，刚度较差，而砂轮架移动距离短，结构刚度相对较高，故纵向进给由砂轮架完成。

（4）运动分配应视工件形状而定

不同形状的工件，需要的运动部件也不一样。例如：圆柱形工件的内孔一般在车床上加工，工件旋转，刀具做纵向移动；箱形体的内孔则在镗床上镗孔，工件移动，刀具旋转。因此，应根据工件形状确定运动部件。

2.结构布局设计

结构布局形式有立式、卧式及斜置式等，其中基础支承件的形式有底座式、立柱式、龙门式等，基础支承件的结构有一体式和分离式等。因此，同一种运动分配又可以有多种结构布局形式，这样在运动分配设计阶段评价后，保留下来的运动分配方案的全部结构布局方案就有很多。因此，需要再次进行评价，去除不合理方案。该阶段评价的依据主要是定性分析机床的刚度、占地面积、与物流系统的可接近性等因素，该阶段设计结果得到的是机床总体结构布局形态图。影响机床总体布局的基本因素包括以下几点：

（1）表面成形方法

不同形状的加工表面往往采用不同的刀具、表面成形方法和表面成形运动来完成，因而使机床总体布局上存在差异。即使是相同形状的加工表面也可采用不同的刀具、表面成形运动和加工方法来实现，从而形成不同的机床布局，例如齿轮的加工可用铣削、拉削、插齿和滚齿等方法。

（2）机床运动的分配

工件表面成形方法和运动相同，而机床运动分配不同，则机床布局也不相同。图 3-1 所示为数控镗铣床布局，其中：图 3-1（a）所示为立式布局，适用于对工件的顶面进行加工；如果要对工件的多个侧面进行加工，则应采用卧式布局，使工件在一次装夹后，完成多侧面的铣、镗、钻、铰、攻螺纹等多工序加工，如图 3-1（b）所示。在分配运动时，必须注意使运动部件的质量尽量小，使机床有良好的刚度，有利于保证加工精度，并使机床占地面积小。

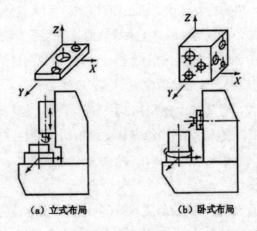

（a）立式布局　　　　　（b）卧式布局

图 3-1　数控镗铣床布局

（3）工件的尺寸、质量和形状

工件的表面成形运动与机床部件的运动分配基本相同，但是工件的尺寸、质量和形状不同，也会使机床布局不尽相同。

（4）工件的技术要求

工件的技术要求包括加工表面的尺寸精度、几何精度和表面粗糙度等。技术要求高的工件，在进行机床总体布局设计时，应保证机床具有足够的精度和刚度，小的振动和热变形等。对于某些有内联系要求的机床，缩短传动链可以提高其传动精度，采用框架式结构可以提高机床刚度，高速车床采用分离式传动可以减小振动和热变形。

（5）生产规模和生产率

生产规模和生产率的要求不同，也必定会对机床布局提出不同的要求，如考虑主轴数目、刀架型式、自动化程度、排屑和装卸等问题，从而导致机床布局的变化。以车床上车削盘类零件为例，单件小批加工时，可采用卧式车床；中批生产时，可采用转塔车床；大批大量生产时，就要考虑安放自动上下料装置，采用多主轴、多刀架同时加工，其控制系统可实现半自动或全自动循环等措施，同时还应考虑排屑方便。

（6）其他

机床总体布局还必须充分考虑人的因素，机床部件的相对位置安排、操纵部位和安装工件部位应便于观察和操作，并和人体基本尺寸及四肢活动范围相适应，以减轻操作者的劳动强度，保障操作者的身心健康。

其他如机床外形美观，调整、维修、吊运方便等问题，在总体布局设计时，也应综合全面地进行考虑。

3.机床运动功能的描述

（1）坐标系

机床坐标系一般采用直角坐标系，沿 X, Y, Z 轴的直线运动分别用 X, Y, Z 来表示，绕 X 轴的回转运动用 A 表示，绕 Y 轴的回转运动用 B 表示，绕 Z 轴的回转运动用 C 表示。

（2）机床运动功能式

运动功能式表示机床的运动个数、形式、功能及排列顺序。左边写工件，用 W 表示；右边写刀具，用 T 表示；中间写运动，按运动顺序排列，用"/"分开。

（3）运动功能分配设计

机床运动功能式描述了刀具与工件之间的相对运动，但基础支承设在何处尚未确定，即相对于大地来说，哪些运动式由刀具一侧来完成，哪些运动式由工件一侧来完成还不清楚。运动功能分配设计是确定运动功能式中"接地"的位置，用符号"."表示。符号左侧的运动由工件完成，形成的功能式称为运动分配式。

4.机床总体结构的概略形状与尺寸设计

该阶段主要进行功能（运动或支承）部件的概略形状与尺寸设计，设计的主要依据包括：机床总体结构布局设计阶段评价后保留的机床总体结构布局形态图、驱动与传动设计结果、机床动力参数及加工空间尺寸参数，以及机床整体的刚度及精度分配。在设计中，应兼顾成本，同时还应尽可能选择商品化的功能部件，以提高性能、缩短制造周期。其设计过程大致如下：

①确定末端执行件的概略形状和尺寸。

②设计末端执行件与其相邻的下一个功能部件的接合部的形式、概略尺寸。若为运动导轨接合部，则执行件一侧相当于滑台，相邻部件一侧相当于滑座，考虑导轨接合部的刚度及导向精度，选择并确定导轨的类型和尺寸。

③根据导轨接合部的设计结果和该运动的行程尺寸，同时考虑部件的刚度要求，确定下一个功能部件（即滑台侧）的概略形状与尺寸。

④重复上述过程，直到基础支承件（底座、立柱、床身等）设计完毕。

⑤若要进行机床结构模块设计，则可将功能部件细分为子部件，根据制造厂的产品规划，进行模块提取与设置。

⑥初步进行造型与色彩设计。

上述设计完成后，得到的设计结果是机床总体结构方案图，然后对所得到的各个总体结构方案进行综合评价比较，评价的主要因素有：性能预测、制造成本、制造周期、生产率、与物流系统的接近性、外观造型。

⑦机床总体结构方案的修改与确定。根据综合评价，选择一两种较好的方案，进行方案的修改、完善，最终确定方案。

（四）机床主要技术参数的设计

机床的主要技术参数用来表示机床本身的工作能力。例如，对于加工类的专机，它主要表示被加工工件的直径、长度，以及所需电动机的功率等。主要技术参数包括主参数与尺寸参数、运动参数和动力参数。

1.主参数与尺寸参数

机床的主参数是最为重要的，是代表机床规格大小的一种参数。主参数必须满足以下要求：

①直接反映出机床的加工能力和特性。

②能决定其他基本参数值的大小。

③作为机床设计和用户选用机床的主要依据。

对于通用机床，主参数通常都以机床的最大加工尺寸来表示。对各种类型机床，标准 GB/T 15375—2008《金属切削机床 型号编制方法》统一规定了主参数的内容。卧式车床以床身上被加工工件的最大回转直径作为主参数；齿轮加工机床的主参数是最大工件直径；外圆磨床和无心磨床的主参数是最大磨削直径；龙门刨床、龙门铣床、升降台铣床和矩形工作台的平面磨床的主参数是工作台的工作面宽度；卧式铣镗床的主参数是主轴直径；立式钻床和摇臂钻床的主参数是最大钻孔直径；牛头刨床和插床的主参数是最大刨削和插削长度；也有机床不用尺寸作为主参数，如拉床的主参数是额定拉力等。专用机床的主参数，一般以与通用机床相对应的主参数表示。

第二主参数是为了更完整地表示机床的工作能力和加工范围。在主参数后面标出另一参数值，称为第二主参数，如最大工件长度、最大跨度和最大加工模数等。车床的第二主参数是最大工件长度，铣床和龙门刨床的第二主参数是工作台的工作面长度，摇臂钻床的第二主参数是最大跨距等。

尺寸参数包括与工件，工、夹、量具，机床结构有关的参数。与工件有关的参数，如摇臂钻床还要确定主轴下端面到底座间的最大和最小距离，其中包括摇臂的升降距离和主轴的最大伸出量等；龙门铣床还应确定横梁的最高和最低位置等。与工、夹、量具有关的参数有卧式车床的主轴锥孔等。与机床结构有关的参数有床身宽度等。

2.运动参数

运动参数指机床的主运动和进给运动的执行件的运动速度，如主轴、工作台、刀架等执行件的运动速度。

（1）主运动参数

对于主运动是直线运动的机床，主运动参数是刀具或工件每分钟的往复次数（次/min）。

对于不同的机床，主运动参数有着不同的要求。例如：一些机床（包括组合机床）是为某一特定工序而设计的，每根主轴一般只有一个根据最有利的切削速度而确定的转速，故没有变速要求；也有一些机床，其加工范围较大，工艺方法也较多，如在机床上要求钻孔、攻螺纹等，则要求主轴有多种转速，需要确定主轴的转速范围及最低、最高转速，或根据工艺要求确定主轴的转速和级数等。

确定切削速度时，应考虑多种工艺的需要。切削速度与刀具材料、工件材料、进给量和背吃刀量都有关。其中主要是与刀具材料和工件材料有关。切削速度可通过切削试验、查切削用量手册或进行生产调查后得到。

当主轴转速数列采用等比级数排列时，在设计中，选择齿轮的传动比、齿数就较为简单方便。因此，在运动系统中主轴转速基本上都采用等比级数排列，而其他数列排列（如对数级数、等差级数等）在实际应用中则很少采用。

当主轴转速按等比级数排列时，由于各级转速难以恰好与最佳转速相配，故必然会造成转速的损失，影响生产率等。当主轴转速根据工艺要求选定时，这时转速数列呈无规律变化的排列，即无公比存在，转速无损失为最佳值。等比级数同样适用于直线往复主运动的双行程数列中。

（2）进给运动参数

机床进给量的变换可以采用无级变速和有级变速两种方法。采用有级变速方法，进给运动的运动参数（如直线运动的移动速度、回转运动的转速等）的数列也同样存在着等比级数排列、等差级数排列、无规律变化的排列。进给量一般都采用等比数列。但对于各种螺纹加工的机床，如卧式车床、螺纹车床，因被加工螺纹的导程是分段成等差级数的，因此进给量也必须分段成等差级数排列。对于刨床和插床，若采用棘轮结构，则由于受结构限制，进给量也设计成等差数列。

3. 动力参数

动力参数包括电动机的功率、液压缸的牵引力、液压电动机或步进电动机的额定转矩等。各传动件的参数（如轴或丝杠的直径，齿轮、蜗轮的模数等）都是根据动力参数设计计算的。如果动力参数定得过大，则会使机床过于笨重，浪费材料和电力；如果定得过小，则会影响机床使用性能，达不到设计要求。

机器的种类繁多，实际工作情况又很复杂，因此目前难以用一种精确的计算方法来确定机器的电动机功率。目前，一般通过调查类比法、试验法和计算法加以确定。

①调查类比法。对国内外同类型、同规格机床的动力参数进行统计分析，对用户使用或加工情况进行调查分析，作为选定动力参数的依据。

②试验法。利用现有的同类型、同规格机床进行若干典型的切削加工试验，测定有关电动机及动力源的输入功率，作为确定新产品动力参数的依据，这是一种简便、可靠的方法。

③计算法。对动力参数可进行估算或近似计算。专用机床由于工况单一，通过计算可得到比较可靠的结果。通用机床工况复杂，切削用量变化范围大，计算结果只能作为参考。

二、主传动系统设计

（一）主传动系统的功用与组成

实现机床主运动的传动（动力源—执行件）称为主传动，机床主传动属于外联系传动链，它对机床的使用性能、结构和制造成本都有明显的影响。因此，在设计机床的过程中必须给予其足够的重视。

1.主传动系统的功用

①将一定的动力由动力源传递给执行件（如主轴、工作台）。

②保证执行件具有一定的转速（或速度）和足够的变速范围。

③能够方便地实现运动的启停、变速、换向和制动等。

2.主传动系统的组成

目前，多数通用机床及专门化机床的主传动是有变速要求的回转运动，主传动系统由动力源等几部分组成。

（1）动力源

动力源即电动机或液压电动机。

（2）定比传动机构

定比传动机构是指具有固定传动比的传动机构，用来实现升速、降速或运动换接，一般采用齿轮传动、带传动及链传动等，有时也可采用联轴节直接传动。

（3）变速装置

变速装置用于实现主轴各级转速的变换，机床中的变速装置有齿轮变速机构、机械无级变速机构以及液压无级变速装置等。

（4）主轴组件

机床的主轴组件是执行件，它由主轴、主轴支承和安装在主轴上的传动件等组成。

（5）启停装置

启停装置用来控制机床主运动执行件的启动和停止，通常可直接启停电动机或者采用离合器来接通、断开主轴和动力源间的传动联系。

（6）制动装置

制动装置用于实现主轴的制动，通常可直接制动电动机或者采用机械的、液压的、电气的制动方式。

（7）换向装置

换向装置用于改变主轴的转向，通常可直接使电动机换向或者采用机械换向装置。

（8）操纵机构

机床主运动的启停、变速、换向及制动等都需要通过操纵机构来实现。

（9）润滑和密封装置

为了保证正常工作和延长使用寿命，主传动系统必须具有良好的润滑性和可靠的密封性。

（10）箱体

各种机构和传动件的支承等都装在箱体中，以保证其相互位置的准确性，封闭式箱体不仅能保护传动机构免受尘土、切屑等侵入，还可降低这些机构发出的噪声。

（二）主传动系统的设计要求

主传动系统是机床的主要组成部分之一，它与机床的经济指标有着密切的联系。因此，对机床主传动系统的设计必须给以充分重视。

①机床的主轴需有足够的变速范围和转速级数（对于主传动为直线往复运动的机床，则为直线运动的每分钟往复行程数范围及其变速级数），以便满足实际使用的要求。

②主电动机和传动机构能供给和传递足够的功率和扭矩，并具有较高的传

动效率。

③执行件（如主轴组件）须有足够的精度、刚度、抗振性以及小于许可限度的热变形和温升。

④噪声应在允许的范围内。

⑤操纵要轻便灵活、迅速、安全可靠，并须便于调整和维修。

⑥结构简单，润滑与密封良好，便于加工和装配，成本低。

机床主传动系统的设计内容和程序包括：确定主传动的运动参数和动力参数，选择传动方案，进行运动设计、动力设计和结构设计。

（三）主传动系统方案的选择

机床主传动的运动参数和动力参数确定之后，即可选择传动方案，其主要内容包括：选择传动布局，选择变速、启停、制动及换向方式。应根据机床的使用要求和结构性能综合考虑，通过调查研究，参考同类型的机床，初拟出几个可行方案的主传动系统示意图，以备分析讨论。传动方案对主传动的运动设计、动力设计及结构设计有着重要的影响。

1.传动布局

对于有变速要求的主传动，其布局方式可分为集中传动式和分离传动式两种，应根据机床的用途、类型和规格等加以合理选择。

（1）集中传动式布局

把主轴组件和主传动的全部变速机构集中安装于同一个箱体内的布局，称为集中传动式布局，一般将该部件称为主轴变速箱。目前，多数机床（如 CA6140 型卧式车床、Z3040 型摇臂钻床、X62W 型铣床等）采用这种布局方式。其优点是：结构紧凑，便于实现集中操纵；箱体数少，在机床上安装、调整方便。其缺点是：传动件的振动和发热会直接影响主轴的工作精度，降低加工质量。因此，集中传动式布局一般适用于普通精度的中型和大型机床。

（2）分离传动式布局

把主轴组件和主传动的大部分变速机构分离安装于两个箱体内，两个部件分别称为主轴箱和变速箱，中间一般采用带传动，这种布局方式称为分离传动式布局。某些高速或精密机床采用这种传动布局方式。其优点是：变速箱中产生的振动和热量不易传给主轴，从而减小了主轴的振动和热变形；当主轴箱采用背轮传动时，主轴通过带传动直接得到高转速，故运转平稳，加工表面质量提高。其缺点是：箱体数多，加工、装配工作量较大，成本较高；位于传动链后面的带传动，低转速时传递转矩较大，容易打滑，更换传动带不方便；等等。因此，分离传动式布局适用于中小型高速或精密机床。

2.变速方式

机床主传动的变速方式可分为无级变速和有级变速两种。

（1）无级变速

无级变速是指在一定速度（或转速）范围内能连续、任意地变速。其优点是：没有速度损失，生产率得到提高；可在运转中变速，减少辅助时间，操纵方便；传动平稳；等等。因此，无级变速在机床上的应用有所增加。机床主传动采用的无级变速装置主要有以下几种：

①机械无级变速器。机床上使用的机械无级变速器是靠摩擦来传递转矩的，多用钢球式、宽带式结构。但一般机构较复杂，维修较困难，效率低；摩擦所需要的正压力较大，使变速器工作可靠性及使用寿命受到影响；变速范围较窄，往往需要与有级变速箱串联使用。机械无级变速器多用于中小型机床中。

②液压、电气无级变速装置。机床主传动所采用的液压电动机、直流电动机调速，往往因恒功率变速范围较小、恒转矩变速范围较大而不能完全满足主传动的使用要求，在主轴低转速时会出现功率不足的现象，一般也需要与有级变速箱串联使用。这种无级变速装置多用于精密、大型机床或数控机床。机床主传动采用交流变频调速电动机将是今后发展的趋势。

（2）有级变速

有级变速是指在若干固定速度（或转速）级内不连续地变速。这是目前国内外普通机床上应用最广泛的一种变速方式。有级变速通常是由齿轮等变速元件构成的变速箱来实现的，其传递功率大，变速范围大，传动比准确，工作可靠。但其速度不能连续变化，有速度损失，传动不够平稳。主传动采用的有级变速装置有下述几种类型：

①滑移齿轮变速机构。这是应用最普遍的一种变速机构，其优点是：变速范围大，得到的转速级数多；变速较方便，可传递较大的功率；非工作齿轮不啮合，空载功率损失较小。其缺点是：变速箱结构较复杂；滑移齿轮多采用直齿圆柱齿轮，承载能力不如斜齿圆柱齿轮；传动不够平稳；不能在运转中变速。

滑移齿轮多采用双联和三联齿轮，结构简单、轴向尺寸小。个别也有采用四联滑移齿轮的，但轴向尺寸较大；为缩短轴向尺寸，可将四联齿轮分成两组双联齿轮。但两个滑移齿轮须互锁，机构较复杂。有的机床（如摇臂钻床）为了尽量缩短主轴变速箱的轴向尺寸，可全部采用双联齿轮。

滑移齿轮一般不采用斜齿圆柱齿轮，这是因为斜齿轮在滑进啮合位置的同时，还需要附加转动，因此变速操纵较困难。此外，斜齿轮在工作中产生轴间力，对操纵机构的定位及磨损等问题要有特殊考虑。

②交换齿轮变速机构。采用交换齿轮（又称配换齿轮、挂轮）变速的优点是：结构简单，不需要操纵机构；轴向尺寸小，变速箱结构紧凑；主动齿轮与从动齿轮可以对调使用，齿轮数量少。其缺点是：更换齿轮费时费力；装于悬臂轴端，刚性差；备换齿轮容易丢失；等等。因此，交换齿轮变速机构适用于不需要经常变速或者变速时间长，对生产率影响不大，但要求结构简单紧凑的机床，如用于大批大量生产的某些自动或半自动机床、专门化机床等。

③多速电动机。多速交流异步电动机本身能够变速，具有几个转速。机床上多用双速或三速电动机。这种变速装置的优点是：简化变速箱的机械结构；可在运转中变速，使用方便。其缺点是：多速电动机在高、低速时的输出功率不同，设计中一般是按低速的小功率选定电动机，而使用高速时的大功率就不能完全发挥其能力；多速电动机的转速级数越多、转速越低，则体积越大，价格也越高；电气控制较复杂。

由于多速电动机的转速级数少，一般要与其他变速装置联合使用。随着电动机制造业的发展，多速电动机在机床上的应用也在逐渐增多，如自动或半自动车床、卧式车床和镗床等。

④离合器变速机构。采用离合器变速机构，可在传动件（如齿轮）不脱开啮合位置的条件下进行变速，操纵方便省力，但传动件始终处于啮合状态，磨损、噪声较大，效率较低。主传动变速用离合器主要有以下几种：

a.齿轮式离合器和牙嵌式离合器。当机床主轴上有斜齿轮（$\beta > 15°$）或人字齿轮时，就不能采用滑移齿轮变速；某些重型机床的传动齿轮又大又重，若采用滑移齿轮则拨动费力。这时都可采用齿轮式或牙嵌式离合器进行变速。其特点是：结构简单，外形尺寸小；传动比准确，不打滑；能传递较大的转矩；但不能在运转中变速。另外，制造、安装误差使实际回转中心并不重合，所产生的运动干扰引起了噪声增加。由于轮齿比端面牙容易加工，外齿半离合器脱开后还可兼作传动齿轮用，故齿轮式离合器在传动中应用较多，但在结构受限制时可采用牙嵌式离合器。

b.片式摩擦离合器。这种离合器可实现在运转中变速，接合平稳，冲击小；但结构较复杂，摩擦片间存在相对滑动，发热较多，并能引起噪声。主传动多采用液压或电磁片式摩擦离合器。应注意不要把电磁离合器装在主轴上，以免因其发热、剩磁现象而影响主轴正常工作。片式离合器多用于自动或半自动机床中。

对于变速用离合器在主传动链中的安放位置，应注意两个问题：第一，尽量将离合器放在高速轴上，可减小传递的转矩，减小离合器的轴向尺寸；第二，应避免超速现象。当变速机构接通一条传动路线时，在另一条传动路线上出现传动件（如齿轮、传动轴）高速空转的现象，称为"超速"现象，这是不能允许的，它将加剧传动件、离合器的磨损，增加空载功率损失，增加发热和噪声。

3.启停方式

控制主轴启动与停止的启停方式，可分为电动机启停和机械启停两种。

（1）电动机启停

这种启停方式的优点是操纵方便省力，可简化机床的机械结构。其缺点是直接启动电动机冲击较大；频繁启动会造成电动机发热甚至烧损；当电动机功率大且经常启动时，启动电流较大会影响车间电网的正常供电。电动机启停适用于功率较小或启动不频繁的机床，如铣床、磨床及中小型卧式车床等。当几个传动链共用一个电动机且又不要求同时启停时，不能采用这种启停方式。在国外，机床上采用电动机启停（以及换向和制动）比较普遍，即使功率较大也有较多应用，随着国内电动机工业的发展，电动机启停在机床上的应用也逐渐增多。

（2）机械启停

在电动机不停止运转的情况下，可采用机械启停方式使主轴启动或停止。

①启停装置的类型。锥式和片式摩擦离合器可用于高速运转的离合，离合过程平稳，冲击小，特别适用于精加工和薄壁工件加工（因夹紧力小，可避免启动冲击所造成的错位）；容易控制主轴回转到需要的位置上，以便加工测量和调整，国内应用较为普遍；还能兼起过载保护作用。但因尺寸受限制：摩擦片的转速不宜过低，传递转矩不能过大；转速也不宜过高（通常 $700\,r/min \leqslant n \leqslant 1\,000\,r/min$），否则因摩擦片的转动不平衡和相对滑动，会加剧发热和噪声。这种离合器应用较多，如卧式车床、摇臂钻床等的启停装置。

齿轮式和牙嵌式离合器仅能用于低速（$v \leqslant 10\,m/min$）运转的离合。其结构简单，尺寸较小，传动比准确，能传递较大的转矩；但在离合过程中，齿（牙）端有冲击和磨损。某些立式多轴半自动车床的主传动采用这种启停装置。

根据机床的使用要求和上述离合器的特点，有时将它们组合使用能够扬长避短，如卧式多轴自动车床采用锥式摩擦离合器和齿轮式离合器。

总之，在能够满足机床使用性能的前提下，应优先考虑采用电动机启停方式，启停频繁、电动机功率较大或有其他要求时可采用机械启停方式。

②启停装置的安放位置。将启停装置放置在高转速轴上，传递转矩小，结构紧凑；放置在传动链的前面，则停车后可使大部分传动件停转，减少空载功率损失。因此，在可能的条件下，启停装置应放置在传动链前面且转速较高的传动轴上。

4.制动方式

有些机床的主运动不需要制动，如磨床、一般组合机床等，但多数机床需要制动，如卧式车床、摇臂钻床、镗床等。在装卸和测量工件、更换刀具与调整机床时，要求主轴尽快停止转动。由于传动件的惯性，主轴是逐渐减速而停止的。为了缩短空转滑行时间，对于频繁启动与停止、传动件惯量大且转速较高的主运动，必须能够制动（刹车）。另外，在机床发生故障或事故时，及时制动可避免更大的损失。

主传动的制动方式可分为电动机制动和机械制动两种。

（1）电动机制动

电动机制动是指，制动时让电动机的转矩方向与其实际转向相反，使之减速而迅速停转，通常多采用反接制动、能耗制动等。电动机制动操纵方便省力，可简化机械结构，但在制动频繁的情况下，容易造成电动机发热甚至烧损。特别是常见的反接制动，其制动时间短，制动电流大，且制动时的冲击力大。因此，反接制动适用于直接启停的中小功率电动机，制动不频繁、制动平稳性要求不高以及具有反转功能的主传动。

（2）机械制动

①制动装置的类型。闸带式制动器如图 3-2 所示，其结构简单、轴向尺寸小、能以较小的操纵力产生较大的制动力矩，径向尺寸较大，制动时在制动轮上产生较大的径向单侧压力，对所在传动轴有不良影响，多用于中小型机床、惯量不大的主传动（如 CA6140 型卧式车床）。在闸带式制动装置中，操纵力通过操纵杠杆作用于闸带的松边，使操纵力小，且制动平稳，作用于紧边则力大且不平稳。

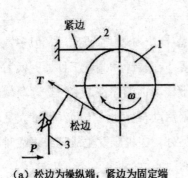 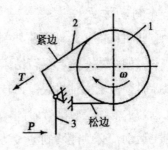

（a）松边为操纵端，紧边为固定端　　　　（b）紧边为操纵端，松边为固定端

1—制动轮；2—制动带；3—操纵杠杆；P—操纵力；T—切向应力。

图 3-2　闸带式制动器

闸瓦式制动器，其中单块闸瓦式制动器的结构简单，操纵方便，但制动时对制动轮有很大的径向单侧压力，所产生的制动力矩小，闸块磨损较快，故多用于中小型机床、惯量不大且制动要求不高的主传动中。为了避免产生单侧压力，可采用双块闸瓦式制动器，但其结构尺寸大，一般只能放在变速箱的外面。

片式摩擦制动器制动时对轴不产生径向单侧压力，制动灵活平稳，但结构较复杂，轴向尺寸较大，可用于各种机床的主传动（如 Z3040 型摇臂钻床、CW6162 型卧式车床等）。

综上所述，在能够满足机床使用性能的前提下，应优先考虑采用电动机制动方式，对于制动频繁、传动链较长、惯性较大的主传动，可采用机械制动方式。

②制动器的安放位置。若要求电动机停转后制动，则制动器可装于传动链中的任何传动件上；若要求电动机不停转进行制动，则应由启停装置断开主轴与电动机的运动联系后再制动，其制动器只能装于被断开的传动链中的传动件上。

制动器放置在高转速传动件（如传动轴、带轮及齿轮）上，需要的制动力矩小，故结构紧凑。此外，制动器放置在传动链的前面时，因制动器之后传动件的惯性作用和间隙影响，制动时的冲击力大。因此，为了结构紧凑、制动平稳，应将制动器放在接近主轴且转速变化范围较小、转速较高的传动件上。

5.换向方式

有些机床的主运动不需要换向，如磨床、多刀半自动车床及一般组合机床等。但多数机床需要换向，例如卧式车床、钻床等在加工螺纹时，主轴正转用于切削，反转用于退刀，卧式车床有时还用反转进行反装刀切断或切槽，以使切削平稳。又如，铣床为了能够使用左刃或右刃铣刀，主轴应有正、反两个方向的转动。由此可见，换向有两种不同目的：一种是正、反向都用于切削，在工作过程中不需要变换转向（如铣床），则正反向的转速、转速级数及传递动力应相同；另一种是正转用于切削而反转主要用于空行程，并且在工作过程中需要经常变换转向（如卧式车床、钻床），为了提高生产率，反向应比正向转速高、转速级数少、传递动力小。需要注意的是，反转的转速高，则噪声也随之增大，为了改善传动性能，可使其比正转转速略高（至多高一级）。

主传动的换向方式可分为电动机换向和机械换向两种。

（1）电动机换向

电动机换向的特点与电动机启停类似。但因交流异步电动机的正反转速相同，因此也可得到较高的反向转速。在满足机床使用性能的前提下，应优先考虑这种换向方式。不少卧式车床，为了简化结构而采用了电动机换向。

（2）机械换向

在电动机转向不变的情况下需要主轴换向时，可采用机械换向装置。

①换向装置的类型。主传动多采用圆柱齿轮。多片摩擦离合器式换向装置，可用于在高速运转中换向，换向较平稳，但结构较复杂。为了换向迅速而无冲击，减少换向的能量损失，换向装置应与制动装置联动，即在换向过程中先经制动，然后再接通另一转向。

②换向装置的安放位置。换向装置的正向传动链应比反向传动链短，以便提高其传动效率。

将换向装置放在传动链前面，因转速较高，传递转矩小，故结构尺寸小。但传动链中需要换向的元件多，换向时的能量损失较大，直接影响机构的使用寿命。此外，因传动链中存在间隙，换向时冲击较大，传动链前面的传动轴容易扭坏。若将换向装置放在传动链后面，即靠近主轴处，则能量损失小、换向平稳，但因转速低，结构尺寸加大。因此，对于传动件少、惯量小的传动链，换向装置宜放在传动链前面；对于平稳性要求较高的，换向装置宜放在传动链后面。但也应具体分析，当离合器兼起启停、换向两种作用（如 CA6140 型卧式车床）时，而且在换向过程中又先经制动，能量损失和冲击均已减小，通过全面考虑将其放在前面还是适当的。

（四）分级变速主传动系统的设计

1.转速图

对机床进行传动分析，仅有传动系统图还是不够的，因为它不能直观地表明主轴的每一级转速是如何传递的，也不能显示出各变速组之间的内在联系。因此，对于转速（或进给量）是等比数列的传动系统，还要采用一种特殊的线图——转速图。实践证明，转速图是分析和设计机床传动系统的重要工具。

转速图由一些相互平行和垂直的格线组成。其中，距离相等的一组竖线代表各轴，轴号写在上面。从左到右依次标注电、Ⅰ、Ⅱ、Ⅲ、Ⅳ等分别表示电动机轴、Ⅰ轴、Ⅱ轴、Ⅲ轴、Ⅳ轴。竖线间距离不代表各轴间的实际中心距。距离相等的一组水平线代表各级转速，与各竖线的交点代表各轴的转速。

图 3-3（a）所示为某机床主传动系统，图 3-3（b）所示为某机床的主传动系统转速图，转速图由"三线一点"组成，即转速线、传动轴线、传动线、转速点。

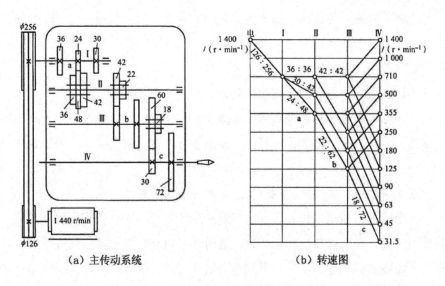

（a）主传动系统　　　　　（b）转速图

图 3-3　某机床的主传动系统及转速图

①转速线。由于主轴（Ⅳ轴）的转速数列是等比数列，所以转速线是间距相等的水平线。

②传动轴线。距离相等的铅垂线，从左到右按传动的先后顺序排列，轴号写在上面。铅垂线之间距离相等是为了图示清楚，不表示传动轴间距离。

③传动线。传动轴线间的转速点之间的连线称为传动线。

传动线有三个特点：

其一，传动线的倾斜方向和倾斜程度反映了传动比的大小。若传动线水平，则表示等速传动；若传动线向下方倾斜，则表示降速传动；若传动线向上方倾斜，则表示升速传动。

其二，两条传动轴线间相互平行的传动线表示同一个传动副的传动比。如第三变速组内，当Ⅲ轴转速为 710 r/min 时，通过升速传动副（60∶30）可使主轴得到 1 400 r/min 的转速，因Ⅲ轴共有 6 级转速，故通过该变速组可使主轴得到 6 级转速（250～1400r/min），所以上斜的 6 条平行传动线，都表示同一个升速传动比的传动副。

其三，由一个主动转速点引出的传动线数目表示该变速组中不同传动比的传动副数。如第一变速组，由Ⅰ轴的主动转速点（710 r/min）向Ⅱ轴引出 3 条传动线，表示该变速级有 3 对传动副。0—Ⅰ轴间只有一条传动线，则表示仅有一对传动副，为定比传动。

④转速点。主轴和各传动轴的转速值，用小圆圈或黑点表示。

转速图可表示传动轴的数目，主轴及各传动轴的转速级数、转速值及其传动路线，变速组的个数及传动顺序，各变速组的传动副数及其传动比数值、变速规律等。

2.具有多速电动机的主变速传动系统的设计

采用多速异步电动机和其他方式联合使用，可以简化机床的机械结构，使其使用方便，并可以在运转中变速，适用于半自动、自动机床及普通机床。机床上常用双速或三速电动机，其同步转速为 750/1 500 r/min、1 500/3 000 r/min、750/1 500/3 000 r/min，电动机的变速范围为 2～4，级比为 2，也有采用同步转速为 1 000/1 500 r/min 和 750/1 000/1 500 r/min 的双速和三速电动机。双速电动机的变速范围为 0～1.5，三速电动机的变速范围为 0～2，级比为 1.33～1.5。多速电动机总是在变速传动系的最前面，作为电变速组。当电动机变速范围为 2 时，变速传动系的公比 φ 应是 2 的整数次方根。例如：公比 $\varphi=1.26$，是 2 的 3 次方根，基本组的传动副数应为 3，把多速电动机当作第一扩大组；$\varphi=1.41$，是 2 的 2 次方根，基本组的传动副数应为 2，多速电动机同样当作第一扩大组。不过采用多速电动机的缺点之一就是电动机在高速时没有完全发挥其能力。

3.具有交换齿轮的变速传动系

成批生产用的机床，如自动或半自动车床、专用机床、齿轮加工机床等，在加工中一般不需要变速或仅在较小范围内变速，但换一批工件加工，有可能需要变换成别的转速或在一定的转速范围内进行加工。为简化结构，常采用交换齿轮变速方式，或将交换齿轮与其他变速方式（如滑移齿轮、多速电动机等）组合应用。交换齿轮用于每批工件加工前的变速调整，其他变速方式则用于加工中变速。为了减少交换齿轮的数量，相啮合的两齿轮可互换位置，即互为主、从动齿轮。交换齿轮变速可以用少量齿轮得到多级转速，不需要操纵机构，使变速箱结构大大简化。其缺点是更换交换齿轮较费时费力。

（1）采用公比齿轮的变速传动系

在变速传动系统中既是前一变速组的从动齿轮，又是后一变速组的主动齿轮，这种齿轮称为公用齿轮。采用公用齿轮可以减少齿轮的数目，简化结构，缩短轴向尺寸。按相邻变速组内公用齿轮的数目，常用的有单公用齿轮和双公用齿轮。

（2）扩大传动系统变速范围的方法

可用下述方法来扩大传动系统的变速范围：

①增加变速组，在原有的变速传动系内再增加一个变速组，这是扩大变速范围最简便的方法。

②采用背轮机构，背轮机构又称回曲机构。

③采用双公比传动，主轴的转速数列有两个公比，转速范围中经常使用的中段采用小公比，不经常使用的高、低段采用大公比。

④分支传动，在串联形式变速传动系的基础上，增加并联分支以扩大变速范围。

（3）齿轮齿数的确定

①确定齿轮齿数的方法。当各变速组的传动比确定之后，可确定齿轮齿数。确定齿轮齿数时选取合理的齿数和中心距 S_z 很关键。齿轮的中心距取决于传递的转矩。一般来说，主变速传动系是降速传动系，越靠后面的变速组，传递的转矩越大。因此，中心距也越大。齿数和不应过大，一般推荐 $S_z \leqslant 100 \sim 120$。齿数和也不应过小，但需从下列条件中选取较大值：其一，最小齿轮的齿数要尽可能小，要保证最小齿轮不产生根切现象，以及主传动具有较好的运动平稳性。在机床变速箱中，标准直齿圆柱齿轮一般取最小齿数 $z_{min} \geqslant 18 \sim 20$。主轴上小齿轮 $z_{min} = 20$，高速齿轮取 $z_{min} = 25$。其二，受齿轮结构限制的最小齿数的各齿轮，尤其是最小齿轮，应能可靠地安装在轴上或进行套装。齿轮的齿槽到孔壁或键槽的壁厚 $a \geqslant 2m$，m 为模数，以保证有足够的强度，避免出现变形、断裂。$z_{min} \geqslant 6.5 + D/m$，其中，$D$ 为齿轮花键孔的大径，m 为齿轮模数。其三，

111

两轴间最小中心距应取得适当。若齿数和 S_z 过小，则会导致两轴的轴承及其他结构之间的距离过近或相碰。

确定齿轮齿数时，传动比应符合转速图上传动比的要求。机床的主传动属于外联系传动链，实际传动比（齿轮齿数之比）与理论传动比（转速图上要求的传动比）之间允许有误差，但需限制在一定的范围内，一般不应超过 $10(\varphi-1)\%$。

②查表法确定变速组齿轮齿数。齿轮副传动比是标准公比的整数次方，变速组内的齿轮模数相等。

（4）计算转速

①机床的功率转矩特性。由切削理论得知，在背吃刀量和进给量不变的情况下，切削速度对切削力的影响较小。因此，主运动是直线运动的机床，如刨床的工作台，在背吃刀量不变的情况下，不论切削速度多大，所承受的切削力基本是相同的，驱动直线运动工作台的传动件在所有转速下承受的转矩当然也是基本相同的，这类机床的主传动属恒转矩传动。主运动是旋转运动的机床，如车床，在背吃刀量和进给量不变的情况下，主轴在所有转速下承受的转矩与工件的直径基本上成正比，但主轴的转速与工件直径基本上成反比。可见，主运动是旋转运动的机床基本上是恒功率传动。

不同类型机床主轴计算转速的选取是不同的。对于大型机床，由于应用范围很广，调速范围很宽，计算转速可取得高一些；对于精密机床、滚齿机，由于应用范围较窄，调速范围小，计算转速可取得低一些。

②变速传动系统中传动件计算转速的确定。变速传动系统中的传动件包括轴和齿轮，它们的计算转速可根据主轴的计算转速和转速图确定。确定的顺序通常是先定出主轴的计算转速，再依次由后往前定出各传动轴的计算转速，最后确定齿轮的计算转速。

4.无级变速主传动系

（1）无级变速装置的分类

无级变速指在一定范围内转速（或速度）能连续地变换，从而获取最有利的切削速度。在机床主传动中常采用的无级变速装置有变速电动机、机械无级变速装置和液压无级变速装置三大类。

①变速电动机。机床上常用的变速电动机有直流复励电动机和交流变频电动机，在额定转速以上为恒功率变速，通常调速范围较小，仅 2～3；额定转速以下为恒转矩变速，调速范围很大，可达 30，甚至更大。上述功率和转矩特性一般不能满足机床的使用要求。要想扩大恒功率调速范围，就需要在变速电动机和主轴之间串联一个分级变速箱，这种方法广泛用在数控机床、大型机床中。

②机械无级变速装置。机械无级变速装置有 Koop 型、行星锥轮型、分离锥轮钢环型、宽带型等多种结构，它们都是利用摩擦力来传递转矩的，通过连续地改变摩擦传动副工作半径来实现无级变速。由于它们的变速范围小，多数是恒转矩传动，通常较少单独使用，而是与分级变速机构串联使用，以扩大变速范围。机械无级变速装置应用于要求功率和变速范围较小的中小型车床、铣床等机床的主传动系，更多地应用于进给变速传动。

③液压无级变速装置。液压无级变速装置通过改变单位时间内输入液压缸或液动机中的液压油量来实现无级变速。它的特点是变速范围较大、变速方便、传动平稳、运动换向时冲击小，易于实现直线运动和自动化，常应用在主运动为直线运动的机床中，如刨床、拉床等。

（2）无级变速主传动系统的设计原则

①尽量选择功率和转矩特性符合传动系统要求的无级变速装置。执行件做直线主运动的主传动系统，对变速装置的要求是恒转矩传动，如龙门刨床的工作台，就应该选择以恒转矩传动为主的无级变速装置（直流电动机）；主传动系统要求恒功率传动（车床或铣床）的主轴，就应选择恒功率无级变速装置，如 Koop B 型和 K 型机械无级变速装置、变速电动机串联机械分级变速箱等。

②无级变速系统装置单独使用时，其调速范围较小，满足不了要求，尤其是恒功率调速范围，往往远小于机床实际需要的恒功率变速范围。为此，常把无级变速装置与机械分级变速箱串联在一起使用，以扩大恒功率变速范围和整个变速范围。

三、主轴组件设计

主轴组件是机床的重要部件之一，由主轴及其支承轴承、传动件和密封件等组成。它的功用是支承并带动工件或刀具旋转，完成表面成形运动，承受切削力和驱动力等载荷。主轴组件的工作性能直接影响整机性能、零件的加工质量和机床生产率，它是决定机床性能和技术经济指标的重要因素。

（一）主轴组件的设计要求

机床主轴组件必须保证主轴在一定的载荷与转速下，能带动工件或刀具精确而可靠地绕其旋转中心线旋转，并能在其额定寿命期内稳定地保持这种性能。因此，主轴组件的工作性能直接影响加工质量和生产率。

主轴和一般传动轴的作用都是传递运动、旋转并承受传动力，都要保证传动件和支承的正常工作条件，但主轴直接承受切削力，还要带动工件或刀具实现表面成形运动。为此，主轴组件应满足以下几个方面的设计要求：

1.旋转精度

主轴组件的旋转精度指主轴装配后，在无载荷、低速运动的条件下，主轴前端安装工件或刀具部位的径向和轴向跳动值。

当主轴以工作转速旋转时，由于润滑油膜的产生和不平衡力的扰动，其旋转精度有所变化。这个差异对精密和高精度机床来说是不能忽略的。

主轴组件的旋转精度主要取决于主轴、轴承等的制造精度和装配质量。工作转速下的旋转精度还与主轴转速、轴承的设计和性能及主轴组件的平衡等因素有关。

旋转精度是主轴组件工作质量的最基本指标，是机床的一项主要精度指标，直接影响被加工零件的几何精度和表面粗糙度。例如，车床卡盘的定芯轴颈与锥孔中心线的径向跳动会影响加工的圆度，而轴向窜动在螺纹加工时则会影响螺距的精度等。

2.刚度

主轴组件的刚度不足，会直接影响机床的加工精度、传动质量及工作的平稳性。对于大多数机床来说，主轴的径向刚度是主要的。如果径向刚度满足要求，则轴向刚度和扭转刚度基本上都能满足要求。主轴组件的刚度与主轴结构尺寸、所选用的轴承类型和配置及其预紧、支承跨距和主轴前端悬伸量、传动件的布置方式、主轴组件的制造和装配质量等有关。

3.抗振性

主轴组件的抗振性是指其抵抗受迫振动而保持平稳运转的能力。

如果主轴组件抵抗振动能力差，工作时容易产生振动，则不仅会影响工件的表面质量，限制机床的生产率，还会缩短刀具和主轴轴承的使用寿命，发出噪声，影响工作环境等。振动表现为强迫振动和自激振动两种形式。若要抵抗强迫振动，则要提高主轴组件的强度。如果产生切削自激振动，则严重影响加工质量，甚至使切削无法进行下去。随着机床向高精度、高生产率发展，对主轴组件抗振性的要求越来越高。

影响抗振性的主要因素是主轴组件的静刚度、质量分布及阻尼（特别是主轴前轴承的阻尼）。主轴组件的低阶固有频率是其抗振性的主要评价指标。低阶固有频率应远高于激振频率，使其不容易发生共振。目前，抗振性的指标尚无统一标准，只有一些试验数据供设计时参考。

4.温升和热变形

主轴组件运转时，各相对运动处的摩擦生热、切削区的切削热等会使主轴组件的温度升高，形状尺寸和位置发生变化，造成主轴组件的热变形。

热变形会使主轴的旋转轴线与机床其他部件的相对位置发生变化，直接影响加工质量，对高精度机床的影响尤为严重；热变形可能造成主轴弯曲，使传动齿轮和轴承的工作状况恶化；热变形还会改变已调好的轴承间隙，使主轴和轴承、轴承和支承座孔之间的配合发生变化，影响轴承的正常工作，加剧磨损，严重时甚至发生轴承抱轴的现象。因此，各类机床对主轴轴承的温升都有一定的限制。主轴轴承对高速空转至热稳定状态下允许的温升都有一定的要求：高精度机床为 8～10 ℃，精密机床为 15～20 ℃，普通机床为 30～40 ℃。

受热膨胀是材料的固有属性。高精度机床（如坐标镗床）、高精度镗铣加工中心等，在进一步提高加工精度的过程中，往往最后受到热变形的制约。

影响主轴组件温升和热变形的主要因素是轴承的类型、配置方式和预紧力的大小以及润滑方式和散热条件等。

5.精度保持性

主轴组件的精度保持性是指长期保持其原始制造精度的能力。主轴组件丧失其原始制造精度的主要原因是磨损，如主轴轴承、主轴轴颈表面、装夹工件或刀具定位表面的磨损。磨损的速度既与摩擦的种类有关，也与结构特点、表面粗糙度、材料的热处理方式等许多因素有关。要长期保持主轴组件的精度，必须提高其耐磨性。对耐磨性影响较大的因素有主轴的材料、轴承的材料、热处理方式、轴承类型及润滑防护方式等。

主轴若装有滚动轴承，则支承处的耐磨性取决于滚动轴承。如果用滑动轴承，则轴颈的耐磨性对精度保持性的影响很大。为了提高耐磨性，一般机床上述部位应淬硬。

此外，数控机床的工作特点是工序高度集中，一次装夹可完成大量的工序，主轴的变速范围很大，既要满足高速的要求，又要适应低速的要求，既要完成精加工，又要适应粗加工。因此，数控机床主轴组件的旋转精度、转速、变速范围、刚度、温升和可靠性等性能，一般都应按精密机床的要求，并结合各种数控机床的具体要求综合考虑。

（二）主轴的传动方式

主轴的传动方式主要有齿轮传动、带传动、电动机直接驱动等。主轴传动方式的选择，主要取决于主轴的转速、所传递的转矩、对运动平稳性的要求，以及结构紧凑、装卸维修方便等要求。

1.齿轮传动

齿轮传动的特点是结构简单、紧凑，能传递较大的转矩，能适应变转速、变载荷工作，齿轮传动的应用最为广泛。它的缺点是线速度不能过高，通常小于 12 m/s，不如带传动平稳。

2.带传动

由于各种新材料及新型传动带的出现，带传动的应用日益广泛。常用的传动带有平带、V 带、多楔带和同步齿形带等。带传动的特点是靠摩擦力传动（除同步齿形带外）、结构简单、制造容易、成本低，特别适用于中心距较大的两轴间传动。由于传动带有弹性，可吸振，故传动平稳，噪声小，适宜高速传动。带传动在过载时会打滑，能起到过载保护的作用。带传动的缺点是有滑动，不能用在速比要求准确的场合。

同步齿形带通过带上的齿形与带轮上的轮齿相啮合来传递运动和动力。同步齿形带的齿形有梯形齿和圆弧齿两种。圆弧齿同步带受力合理，与梯形齿同步带相比，能够传递更大的转矩。

同步齿形带传动的优点是：无相对滑动，传动比准确，传动精度高；结构中采用伸缩率小、抗拉及抗弯强度高的承载绳，如钢丝、聚酯纤维等，因此强度高，可传递 100 kW 以上的动力；厚度小、质量小、传动平稳、噪声小，适用于高速传动，可达到 50 m/s；无须特别张紧，对轴和轴承压力小，传动效率高；不需要润滑，耐水、耐腐蚀，能在高温下工作，维护保养方便；传动比大，可达 1∶10 以上。同步齿形带传动的缺点是：制造工艺复杂，安装条件要求高。

3.电动机直接驱动

如果主轴转速不高，则可采用普通异步电动机直接带动主轴，如平面磨床的砂轮主轴；如果转速很高，则可将主轴与电动机轴制成一体，成为主轴单元，电动机转子就是主轴，电动机座就是机床主轴单元的壳体。由于主轴单元大大简化了结构，有效地提高了主轴部件的刚度，降低了噪声和振动，有较宽的调速范围，有较大的驱动功率和转矩，便于组织专业化生产，因此被广泛地应用于精密机床、高速加工中心和数控车床中。

（三）主轴组件的结构设计

多数机床的主轴采用前、后两个支承，这种方式结构简单，制造装配方便，容易保证精度。为了提高主轴组件的刚度，前、后支承应消除间隙或预紧。为了提高刚度和抗振性，有的机床主轴采用三个支承。三个支承主轴有两种方式：①前、后支承为主，中间支承为辅的方式；②前、中支承为主，后支承为辅的方式。目前，常采用的是后一种方式。主支承应消除间隙或预紧，辅助支承则应保留游隙。由于三个轴颈和三个箱体孔不可能绝对同轴，因此决不能将三个轴承都预紧，否则会发生干涉，从而使空载功率大幅上升，导致轴承温升过高。

1.推力轴承位置配置形式

推力轴承在主轴前、后支承的配置形式，影响主轴轴向刚度和主轴热变形的方向和大小。为使主轴具有足够的轴向刚度和轴向位置精度，并尽量简化结构，应恰当地配置推力轴承的位置。

（1）前端配置

两个方向的推力轴承都布置在前支承处，如图 3-4（a）所示。这类配置方案在前支承处轴承较多，发热多，温升高，但主轴受热后向后伸长，不影响轴向精度，因而精度高，对提高主轴部件的刚度有利，适用于轴向精度和刚度要求较高的高精度机床或数控机床。

（2）后端配置

两个方向的推力轴承都布置在后支承处，如图 3-4（b）所示。这类配置方案支承处轴承较少，发热少，温升低，但是主轴受热后向前伸长，影响轴向精度，适用于轴向精度要求不高的普通精度机床，如立式铣床、车床等。

（3）两端配置

两个方向的推力轴承分别布置在前、后两个支承处，如图 3-4（c）、（d）所示。采用这种配置方案，主轴受热伸长后，会影响主轴轴承的轴向间隙。如果推力支承布置在径向支承内侧，则主轴可能因受热伸长而引起纵向弯曲。为了避免松动，可用弹簧消除间隙和补偿热膨胀。两端配置常用于短主轴，如组合机床主轴。

（4）中间配置

两个方向的推力轴承配置在前支承的后侧，如图3-4（e）所示。这类配置方案可减小主轴的悬伸量，并使主轴受热膨胀后向后伸长，但前支承结构较复杂，温升也可能较高。

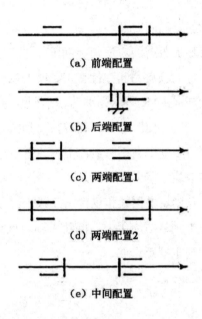

（a）前端配置

（b）后端配置

（c）两端配置1

（d）两端配置2

（e）中间配置

图3-4　推力轴承位置

2.滚动轴承的配置形式

（1）滚动轴承配置和选择的一般原则

滚动轴承的配置形式大多是机床主轴采用两支承结构，其配置和选择的一般原则如下：

①适应承载能力和刚度的要求。线接触的圆柱或圆锥滚子轴承，其径向承载能力和刚度要比点接触的球轴承好；在轴向承载能力和刚度方面，以推力球轴承最高，圆锥滚子轴承次之，角接触球轴承最低。

②适应转速的要求。合适的转速可以限制轴承的温升，保持轴承的精度，延长轴承的使用寿命。

③适应结构要求。为了使主轴部件具有高刚度，且结构紧凑，主轴直径应选大一些，这时轴承选用轻型或特（超）轻型，或者可在同一支承处（尤其是前支承）配置两联或多联轴承。对于中心距很小的多主轴机床（如组合机床），可采用滚针轴承，并将推力球轴承轴向错开排列，以避免其外径干涉。

（2）滚动轴承的间隙调整和预紧

主轴轴承通常采用预加载荷的方法消除间隙，并产生一定的过盈量，使滚动体与滚道之间产生一定的预压力和弹性变形，增大接触面，使承载区扩大到整圈，各滚动体受力均匀。图3-5所示为滚动轴承预紧前后的受力情况。显然，合理预紧可提高轴承的刚度、使用寿命、旋转精度和抗振性，并降低噪声；超过合理的预紧量，轴承的刚度提高不明显，但发热增多，磨损加快，其使用寿命、承载能力和极限转速均下降。

预紧力通常分为轻预紧、中预紧和重预紧三级，代号分别为A、B、C。轻预紧适用于高速主轴，中预紧适用于中、低速主轴，重预紧适用于分度主轴。预紧力也可按轴承厂的样本规定选取。

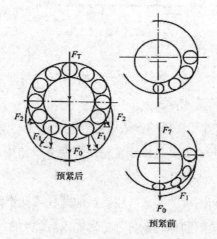

预紧后

预紧前

图3-5 滚动轴承预紧前后的受力分析

（3）滚动轴承的润滑和密封

润滑的目的是减少摩擦与磨损，延长使用寿命，同时也起到冷却、吸振、防锈和降低噪声的作用。常用的润滑剂有润滑油、润滑脂和固体润滑剂。通常，在速度较低、工作负荷较大时，用润滑脂；在速度较高、工作负荷较小时，用润滑油。

密封的作用是防止润滑油外漏，防止灰尘、屑末及水分侵入，减少磨损和腐蚀，保护环境。密封主要分为接触式密封和非接触式密封。前者有摩擦磨损，发热严重，适用于低速主轴；后者制成迷宫式和间歇式，发热很小，应用广泛。

3.主轴传动件的合理布置

合理布置传动件的轴向位置，可以改善主轴和轴承的受力情况，以及传动件和轴承的工作条件，提高主轴组件刚度、抗振性和承载能力。传动部件位于两支承之间是最常见的布置。为了减小主轴的弯曲变形和扭转变形，传动齿轮应尽量靠近前支承处。当主轴上有两个齿轮时，由于大齿轮用于低速传动，作用力较大，应将大齿轮布置在靠近前支承处。

图 3-6 所示为传动件位于主轴后悬伸端的情况，多用于外圆磨床和内圆磨床的砂轮主轴，带轮装在主轴的外伸尾端，便于防护和更换。图 3-7 所示为传动件位于主轴前悬伸端的情况，使传动力和切削力方向相反，可使主轴前端位移量相互抵消一部分，主轴前端位移量减小，同时前支承受力也减小。主轴的受扭段变短，提高了主轴刚度，改善了轴承的工作条件。但这种布置会引起主轴前端悬伸量的增大，影响主轴组件的刚度及抗振性，所以只适用于大型、重型机床。

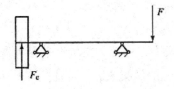

图 3-6 传动件位于主轴后悬伸端

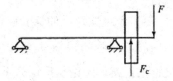

图 3-7 传动件位于主轴前悬伸端

4.主轴的结构、材料和热处理

主轴一般为空心阶梯轴，前端径向尺寸大，中间径向尺寸逐渐减小，尾部径向尺寸最小。主轴的前端形式取决于机床类型和安装夹具或刀具的形式。主轴的形状和尺寸已经标准化，应遵照标准进行设计。主轴的技术要求，应根据机床精度标准有关项目制定，尽量做到设计、工艺、检测的基准相统一。

5.主轴组件结构参数的确定

主轴组件的结构参数主要包括主轴的平均直径 D（或前、后轴颈直径 D_1 和 D_2）、内孔直径 d（对于空心主轴而言）、前端的悬伸量 a 及支承跨距 L 等。一般步骤是首先确定平均直径 D（或前轴颈直径 D_1），然后确定内孔直径 d 和主轴前端的悬伸量 a，最后再根据 D、a 和主轴前支承的刚度确定支承跨距 L。

（1）主轴平均直径的确定

主轴平均直径 D 的增大能大大提高主轴的刚度，而且能增大孔径，但也会使主轴上的传动件（特别是起升速作用的小齿轮）和轴承的径向尺寸加大。主轴平均直径 D 应在合理的范围内尽量大些，从而既满足刚度要求，又使结构紧凑。主轴前轴颈直径 D_1 可根据机床的主电动机功率或机床参数来确定。

（2）主轴内孔直径的确定

很多机床的主轴都是空心的，为了不过多地削弱主轴刚度，一般应保证 $d/D < 0.7$。内孔直径 d 与其用途有关，如车床主轴内孔通过棒料或卸顶尖时穿入所用的铁棒，铣床主轴内孔可通过拉杆来拉紧刀柄等。卧式车床的主轴内孔直径 d 通常应不小于主轴平均直径 D 的 55%，铣床主轴内孔直径可比刀具拉杆直径大 $5\sim10$ mm。

（3）主轴前端悬伸量的确定

主轴前端悬伸量 a 是指主轴前支承径向反力作用点到主轴前端受力作用点之间的距离。无论从理论分析还是从实际测试的结果来看，主轴前端悬伸量 a 值的选取原则是在满足结构要求的前提下，尽量取最小值。

主轴前端悬伸量 a 取决于主轴端部的结构形状和尺寸、工件或刀具的安装方式、前轴承的类型及组合方式、润滑与密封装置的结构等。为了减小 a 值可采取下列措施：

①尽量采用短锥法兰式的主轴端部结构。

②推力轴承布置在前支承时，应安装在径向轴承的内侧。

③尽量利用主轴端部的法兰盘和轴肩等构成密封装置。

④成对安装圆锥滚子轴承，应采取滚锥小端相对的形式；成对安装角接触轴承，应采用类似背对背的形式。

（4）主轴支承跨距的确定

主轴支承跨距 L 是指主轴两个支承的支承反力作用点之间的距离。在主轴的平均直径 D、内孔直径 d、前端悬伸量 a 及轴承配置形式确定后，合理选择支承跨距，可使主轴组件获得最大的综合刚度。

支承跨距过小时，主轴的弯曲变形较小，但支承变形引起的主轴前端位移量减小，主轴的弯曲变形增大，也会引起主轴前端较大的位移，所以存在一个最佳的支承跨距 L，使得因主轴弯曲变形和支承变形引起主轴前端的总位移量为最小。

四、支承件设计

支承件是机床的基础构件，包括床身、立柱、横梁、摇臂、底座、刀架、工作台、箱体和升降台等。这些支承件一般都比较大，称为大件。它们相互固定，连接成机床的基础和框架，机床上其他零部件可以固定在支承件上，或者工作时在支承件的导轨上运动。在切削时，刀具与工件之间相互作用的力沿着大部分支承件逐个传递并使之变形，机床的动态力使支承件和整机振动。支承件的主要功能是承受各种载荷及热变形，并保证机床各零件之间的相互位置和相对运动精度，从而保证加工质量。

（一）支承件的设计要求

支承件有以下设计要求：

①支承件应有足够的静刚度和较高的固有频率。支承件的静刚度包括整体刚度、局部刚度和接触刚度。以卧式车床为例，载荷通过支承导轨面施加到床身上，使床身产生整体弯曲扭转变形，且使导轨产生局部变形和导轨面产生接触变形。

支承件的整体刚度又称自身刚度，与支承件的材料以及截面形状、尺寸等影响惯性矩的参数有关。局部刚度是指支承件载荷集中的局部结构处抵抗变形的能力，如床身导轨的刚度、主轴箱在主轴轴承孔处附近部位的刚度、摇臂钻床的摇臂在靠近立柱处的刚度以及底座安装立柱部位的刚度等。接触刚度是指支承件的接合面在外载作用下抵抗接触变形的能力，用符号 K_j 表示，其大小用接合面的平均压强 p（MPa）与变形量 δ（μm）之比来表示。接触刚度是压强的函数，随接触压强的增加而增大。当接触压强很小时，接合面只有几个高点接触，实际接触面积很小，接触变形大，接触刚度低；当接触压强较大时，接合面上的高点产生变形，接触面积扩大，变形量的增加比率小于接触压强的增加比率，接触刚度较高。接触刚度还与接合面的接合形式有关，活动接触面（接合面间有相对运动）的接触刚度小于等接触面积固定接触面（接合面间无相对运动）的接触刚度。

②良好的动态特性。支承件应有较高的静刚度、固有频率，使整机的各阶固有频率远离激振频率，在切削过程中不产生共振。支承件还必须有较大的阻尼，以抑制振动的振幅，其薄壁面积应小于 400 mm×400 mm，避免薄壁振动。

③支承件应结构合理。支承件成型后应进行时效处理，充分消除内应力，使其形状稳定，热变形小，从而受热变形后对加工精度的影响较小。

④支承件应排屑畅通，工艺性好，易于制造，成本低，且吊运、安装方便。

（二）支承件的材料和热处理

支承件的材料有铸铁、钢板和型钢、铝合金、预应力钢筋混凝土、非金属等。

1.铸铁

一般支承件用灰铸铁制成，在铸铁中加入少量合金元素可提高其耐磨性。如果导轨与支承件为一体，则铸铁的牌号应根据导轨的要求选择。如果导轨是镶装上去的，或者支承件上没有导轨，则支承件的材料一般可用 HT100、HT150、HT200、HT250、HT300 等，还可用球墨铸铁 QT450-10、QT800-02 等。

铸铁铸造性能好，容易获得复杂结构的支承件。同时铸铁的内摩擦力大，阻尼系数大，振动衰减性能好，成本低。但铸铁在铸造时需要型模，制造周期长，仅适用于成批生产。铸铁在铸造或者焊接过程中会产生残余应力，因此必须进行时效处理，且最好在粗加工后进行。铸铁在 450 ℃以上温度条件下，由于内应力作用开始变形，超过 550 ℃硬度将降低。因此，热时效处理应在 530～550 ℃进行，这样既能消除内应力，又不降低硬度。

2.钢板和型钢

用钢板和型钢等焊接的支承件，制造周期短，可做成封闭件，不像铸件那样要留出沙孔，而且可根据受力情况布置肋板和肋条来提高抗扭和抗弯刚度。由于钢的弹性模量约为铸铁的两倍，当刚度要求相同时，钢焊接件的壁厚仅为铸件的一半，从而质量减小，固有频率提高。如果发现结构有缺陷，如刚度不够，则焊接件可以补救。但焊接结构在成批生产时，成本比铸件高。因此，钢焊接件多用在大型、重型机床及自制设备等的小批生产中。

钢板焊接结构的缺陷是钢板材料内摩擦阻尼约为铸铁的 1/3，抗振性较铸铁差。为提高机床抗振性能，可采用提高阻尼的方法来改善钢板焊接结构的动态性能。钢焊接件的时效处理温度较高，为 600～650 ℃。普通精度机床的支承件进行一次时效处理就可以了，精密机床最好进行两次时效处理，即粗加工前、后各一次。

3.铝合金

铝合金的密度只有铁的 1/3，有些铝合金还可以通过热处理进行强化。对于有些对总体质量要求较小的设备，为了减小其质量，它的支承件可考虑使用铝合金。常用的铝合金牌号有 $ZAlSi_7Mg$、$ZAlSi_2Cu_2Mgl$ 等。

4.预应力钢筋混凝土

预应力钢筋混凝土支承件（主要为床身、立柱、底座等）近年来有相当大的发展，其优点是刚度高、阻尼比大、抗振性能好、成本低。据某国外机床公司的介绍，其生产的某型机床床身内有三个方向都要配置钢筋，总预拉力为 $120\sim150\,kN$。预应力钢筋混凝土支承件的缺点是脆性大、耐蚀性差，为了防止油对混凝土的侵蚀，应在其表面进行喷涂塑料或喷漆处理。

5.非金属

非金属材料主要有混凝土、天然花岗岩等。

混凝土刚度高；具有良好的阻尼性能，阻尼比是灰铸铁的 $8\sim10$ 倍；抗振性好，弹性模量是钢的 $1/15\sim1/10$；热容量大，热传导率低，导热系数是铸铁的 $1/40\sim1/25$；热稳定性好，其构件热变形小。缺点是力学性能差，但可以预埋金属或添加加强纤维，适用于受载面积大、抗振要求较高的支承件。

天然花岗岩导热系数和膨胀系数小，精度保持性好，抗振性好，阻尼系数比钢大 15 倍，耐磨性比铸铁高 $5\sim6$ 倍，热稳定性好，抗氧化性强，不导电，抗磁，与金属不黏合，加工方便，通过研磨和抛光容易得到较高的精度和很低的表面粗糙度。

（三）支承件的结构分析

一台机床支承件的质量占其总质量的 80%～85%，同时支承件的性能对整机性能的影响很大。因此，应该准确地进行支承件的结构设计。合理的结构通常是先根据其使用要求和受力情况，参考现有机床的同类型件，初步确定其形状和尺寸；然后可以利用计算机进行有限元计算，求得其静态刚度和动态特征，并据此对设计进行修改和完善，选出最佳结构方案，使支承件满足基本设计要求，并在这个前提下尽量节约材料。

1.提高支承件的自身刚度和局部刚度

（1）正确选择截面的形状和尺寸

支承件主要是承受弯矩、扭矩以及弯扭复合载荷，所以自身刚度主要是考虑弯曲刚度和扭转刚度。截面积相同时，空心截面的刚度大于实心截面的刚度，封闭截面的刚度大于不封闭截面的刚度，方形截面的抗弯刚度比圆形截面的抗弯刚度大，而抗扭刚度较低。因此，设计支承件时，总是采用空心截面，适当加大轮廓尺寸并在工艺允许的前提下减小壁厚；在可能的条件下，尽量把支承件的截面设计成封闭的框形，如数控车床要有高刚度，以适应粗加工要求，故床身为四面封闭结构，其导轨倾斜以利于排屑。当支承件以承受弯矩为主时，应采用方形截面或矩形截面。矩形截面在其高度方向的抗弯刚度比方形截面高，但抗扭刚度较低，当支承件以承受一个方向的弯矩为主时，常取矩形截面，并以其高度方向作为受弯方向。当支承件以承受扭矩为主时，应采用圆形（空心）截面。如果支承件所承受的弯矩和扭矩都相当大，则常取近似方形截面。

（2）合理布置隔板和加强肋

在两壁之间起连接作用的内壁称为隔板。隔板的功用在于把作用于支承件局部的载荷传递给其他壁板，从而使整个支承件能比较均匀地承受载荷。因此，当支承件不能采用全封闭截面时，应布置隔板和加强肋来提高支承件的刚度。

隔板布置有横向、纵向和斜向等基本形式。横向隔板布置在与弯曲平面垂直的平面内，抗扭刚度较高；纵向隔板布置在弯曲平面内，抗弯刚度较高；斜向隔板的抗弯刚度和抗扭刚度均较高。

（3）合理开窗和加盖

铸铁支承件壁上开孔会降低刚度，但因结构和工艺要求常需开孔。当开孔面积小于所在壁面积的 1/5 时，对刚度影响较小；当开孔面积超过所在壁面积的 1/5 时，抗扭刚度会降低许多。所以，孔宽和孔径以不大于壁宽的 1/4 为宜，且应开在支承件壁的几何中心附近。开孔对抗弯刚度影响较小，若加盖且拧紧螺栓，则抗弯刚度可接近未开孔时的水平，嵌入盖比面覆盖效果更好。

（4）合理选择连接部位的结构

图 3-8 所示为支承件连接部位的 4 种结构形式。设图 3-8（a）所示一般凸缘连接的相对连接刚度为 1.00，则图 3-8（b）所示有加强肋凸缘连接的连接刚度为 1.06，图 3-8（c）所示凹槽式连接的连接刚度为 1.80，图 3-8（d）所示 U形加强肋结构连接的连接刚度为 1.85。显然后两种加强肋结构效果好，特别是用来承受弯矩的效果更好，但结构相对复杂。

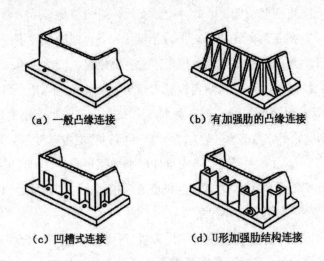

（a）一般凸缘连接　　　　　　　　（b）有加强肋的凸缘连接

（c）凹槽式连接　　　　　　　　（d）U形加强肋结构连接

图 3-8　连接部位的结构形式

2.提高支承件的接触刚度

为提高接触刚度，可采用以下措施：

（1）导轨面和重要的固定面必须配刮或配磨

刮研时，在 25 mm ×25 mm 的平面上，高精度机床为 12 点，精密机床为 8点，普通机床为 6 点，并应使接触点均匀分布。固定接合面配磨时，表面粗糙度 Ra 应小于 1.6 μm。

（2）施加预载

用固定螺钉连接时拧紧螺钉使接触面间有一个预压压强，这样工作时由外载荷而引起的接触面间压强变化相对较小，可有效消除微观不平度的影响，提高接触刚度。

3.提高支承件的抗振性

改善支承件的动态特性，提高支承件抵抗受迫振动的能力，主要是提高系统的静刚度、固有频率以及增加系统的阻尼。下面简要说明增加系统的阻尼的措施。

（1）采用封砂结构

将支承件泥芯留在铸件中不清除，利用砂粒良好的吸振性能来提高阻尼比。同时，封砂结构降低了机床重心，有利于床身结构稳定，可提高抗弯扭刚度。在结构支承件内腔，也可内灌混凝土等以提高阻尼。

（2）采用具有阻尼性能的焊接结构

如采用间断焊接、焊减振接头等来加大摩擦阻尼。

（3）采用阻尼涂层

对弯曲振动结构，尤其是薄壁结构，在其表面喷涂一层具有阻尼的黏滞弹性材料，如沥青基制成的胶泥减振剂或内阻尼高、切变模量低的压敏式阻尼胶等。

（4）采用环氧树脂黏结的结构

这种结构的抗振性超过铸造和焊接结构。

4.减少支承件的热变形

机床工作时，切削、机械摩擦以及电动机和液压系统工作时都会产生热量，支承件受热以后，形成不均匀的温度场，产生不均匀的热变形。此外，由于支承件各处的温度是不同的，因此其热变形不是定值。在高精度机床上，热变形对加工精度的影响非常突出。但是，机床热变形无法消除，只能采取一定措施予以改善。

（1）散热和隔热

隔离热源，如将主要热源与机床分离。适当加大散热面积，加设散热片，采用风扇、冷却器等来加快散热。高精度的机床可安装在恒温室内。

（2）均衡温度场

如车床床身，可以用改变传热路线的办法来减少温度不均的现象。如图3-

9 所示，A 处装主轴箱，是主要的热源，C 处是导轨，在 B 处开了一个缺口，就可以使从 A 处传出的热量分散传至床身各处，床身温度就比较均匀了。当然缺口不能开得太深，否则将会降低床身刚度。

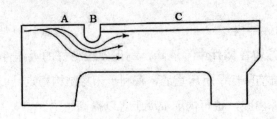

图 3-9　车床床身的均热

（3）热对称结构

同样的热变形，由于构造不同，对精度的影响也不同。采用热对称结构，可使热变形后对称中心线的位置基本不变，这样可减少对工作精度的影响。

（四）支承件的结构设计

确定支承件的结构形状和尺寸，首先应满足工作性能的要求。由于机床性能、用途、规格的不同，支承件的形状和大小也不同。

1.卧式车床

卧式车床的床身有以下几种结构形式：中小型车床的床身，由两端的床腿支承；大型卧式车床、镗床、龙门刨床、龙门铣床的床身，直接落地安装在基础上；有些仿形和数控车床的床身则采用框架式结构。

床身截面形状主要取决于刚度要求、导轨位置、内部需要安装的零部件和排屑等，基本截面形式如图 3-10（a）、（b）、（c）所示，主要用于有大量切屑和切削液排出的机床，如六角车床。图 3-10（a）所示为前后壁之间额外加隔板的结构形式，用于中小型车床，刚度较低。图 3-10（b）所示为双重壁结构，刚度比图 3-10（a）所示的结构高些。图 3-10（c）所示的床身通过后壁的孔排屑，这样床身的主要部分可做成封闭的箱形，刚度较高。图 3-10（d）、 （e）、（f）三种截面形式，可用于无排屑要求的床身。

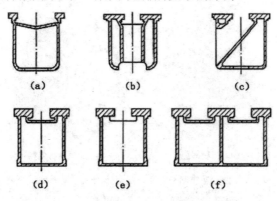

图 3-10　卧式车床床身的截面形式

图 3-10（d）主要用于中小型工作台不升降式铣床的床身，为了便于切削液和润滑液的流动，顶面要有一定的斜度。图 3-10（e）所示的床身内部可安装尺寸较大的机构，也可兼作油箱，但切屑不允许落入床身内部，这种截面的床身，因前后壁之间无隔板连接，刚度较低，常作为轻载机床的床身，如磨床。图 3-10（f）所示为重型机床的床身，导轨可多达 5 个。

2.立柱

图 3-11 所示的立柱可看作立式床身，其截面有圆形、矩形和方形，如图 3-12 所示。立柱所承受的载荷有两类：一类是承受弯曲载荷，载荷作用于立柱的对称面，如立式钻床的立柱；另一类承受弯曲和扭转载荷，如铣床和镗床的立柱。图 3-12（a）所示为圆形截面，抗弯刚度较差，主要用于运动部件绕其轴心旋转及载荷并不大的场合，如摇臂钻床等。图 3-12（b）所示为对称矩形截面，用于以弯曲载荷为主，载荷作用于立柱对称面，如大中型立式钻床、组合机床等，截面尺寸比例一般为 $h/b=2\sim3$。图 3-12（c）所示为对称方形截面，用于有两个方向承受弯曲和扭转载荷的立柱，截面尺寸比例为 $h/b=1$，两个方向的抗弯刚度基本相同，抗扭刚度也较高，多用于镗床、铣床等的立柱。立式车床的截面尺寸比例为 $h/b=3\sim4$，龙门刨床和龙门铣床的截面尺寸比例为 $h/b=2\sim3$。

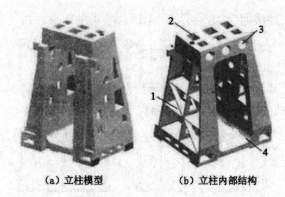

（a）立柱模型　　　　　　（b）立柱内部结构

1—肋板；2—顶部肋板；3—圆形出砂孔；4—过渡圆弧。

图 3-11　立柱

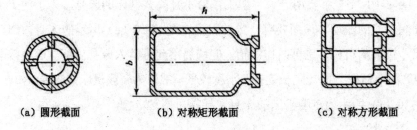

（a）圆形截面　　　　（b）对称矩形截面　　　　（c）对称方形截面

图 3-12　立柱的截面形状

3.横梁和底座

横梁用在龙门式框架机床上，在受力分析时，可看作两支点的简支梁。横梁工作时，承受复杂的空间载荷。横梁的自重为均布载荷，主轴箱和刀架的自重为集中载荷，而切削力为大小、方向可变的外载荷，这些载荷使横梁产生弯曲和扭转变形，因此横梁的刚度，尤其是垂直于工件方向的刚度，对机床性能影响很大。横梁的横截面一般做成封闭式，如图 3-18 所示。龙门刨床的中央截面高与宽基本相等，即 $h/b=1$。对于双柱形立式车床，由于花盘直径较大，刀架较重，故用 h 较大的封闭截面来提高垂直面的抗弯刚度，$h/b=1.5\sim2.2$，见图 3-13（a）。横梁的纵向截面形状可根据横梁在立柱上的夹紧方式确定：若在立柱的辅助轨道上夹紧，则可用等截面形状，见图 3-13（b）；若横梁在立柱的主导轨上夹紧，其中间部分可用变截面形状，见图 3-13（c）。图 3-13（d）所示为底座的截面形状。底座是某些机床不可缺少的支承件，如摇臂钻床等，为了固定立柱，必须用底座与立柱连接。底座要有足够的刚度，地脚螺钉处也应有足够的局部刚度。

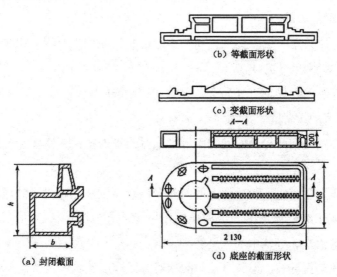

图 3-13　横梁和底座的截面形状（mm）

五、导轨设计

（一）导轨的功用和分类

导轨的功用是支承和引导运动部件沿一定的轨道运动。在导轨副中，运动的一方称为运动导轨，不运动的一方称为支承导轨。运动导轨相对于支承导轨运动，通常是直线运动或回转运动。

1.按运动性质分类

按运动性质，导轨可分为主运动导轨、进给运动导轨和调位导轨。

（1）主运动导轨

动导轨是做主运动的。

（2）进给运动导轨

动导轨是做进给运动的，机床中大多数导轨属于进给运动导轨。

（3）调位导轨

这种导轨只用于调整部件之间的相对位置，在加工时没有相对运动。

2.按摩擦性质分类

按摩擦性质，导轨可分为滑动导轨和滚动导轨。

（1）滑动导轨

滑动导轨是指两导轨面间的摩擦性质是滑动摩擦，按其摩擦状态又可分为以下四类：

①液体静压导轨。两导轨面间具有一层静压油膜，相当于静压滑动轴承，摩擦性质属于纯液体摩擦。这种导轨在主运动导轨和进给运动导轨中都能应用，但在进给运动导轨中的应用较多。

②液体动压导轨。当导轨面间的相对滑动速度达到一定值后，液体动压效应使导轨油囊处出现压力油楔，把两导轨面分开，从而形成液体摩擦，相当于液体动压滑动轴承，这种导轨只用于高速场合，故仅用于主运动导轨。

③混合摩擦导轨。在导轨面虽有一定的动压效应或静压效应，但由于速度还不够高，油楔所形成的压力油还不足以隔开导轨面，导轨面仍处于直接接触状态。大多数导轨属于这一类。

④边界摩擦导轨。在滑动速度很低时，导轨面间不足以产生动压效应。

（2）滚动导轨

滚动导轨是指在两导轨副接触面间装有球、质，广泛应用于进给运动导轨。

3.按受力情况分类

按受力情况，导轨可分为开式导轨和闭式导轨。

（1）开式导轨

若导轨所承受的倾覆力矩不大，在部件自重和外载荷作用下，导轨面 a 和

b 在导轨全长上始终保持贴合，这种导轨称为开式导轨，如图 3-14（a）所示。

（2）闭式导轨

部件上所受的颠覆力矩 M 较大时，就必须增加压板以形成辅助导轨面 e，才能使导轨面 c 和 d 都能良好地接触，这种导轨称为闭式导轨，如图 3-14（b）所示。

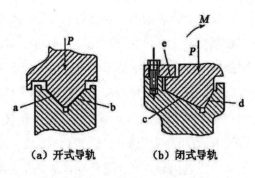

（a）开式导轨　（b）闭式导轨

图 3-14　开式导轨和闭式导轨

（二）导轨的设计要求

导轨是机床的关键部件之一，其性能的好坏将直接影响机床的加工精度、承载能力和使用寿命，因此它必须在以下几个方面满足基本要求：

1.导向精度

导向精度主要是指导轨副相对运动时的直线度（直线运动导轨）或圆度（圆周运动导轨）。导向精度是保证导轨工作质量的前提。影响导向精度的因素包括导轨的结构类型、导轨的几何精度和接触精度、导轨和基础件的刚度、导轨的油膜厚度和油膜刚度、导轨和基础件的热变形等。导轨的几何精度直接影响导向精度，因此在国家标准中对导轨纵向直线度及横向直线度的检验都有明确规定。接触精度是指导轨副摩擦面实际接触面积占理论面积的百分比。磨削和刮研的导轨面，接触精度按 JB/T 9874—1999《金属切削机床　装配通用技术条件》的规定，用着色法检验，以 25.4 mm×25.4 mm 面积内的接触点数来衡量。

2.精度保持性

精度保持性是指长期保持原始精度的能力。精度保持性是导轨设计制造的关键，也是衡量机床优劣的重要指标之一。影响精度保持性的主要因素是磨损，即导轨的耐磨性。常见的磨损形式有磨料（或磨粒）磨损、黏着磨损（或咬焊）和接触疲劳磨损。磨料磨损常发生在边界摩擦和混合摩擦状态，磨粒夹在导轨面间随之相对运动，形成对导轨表面的"切削"，使导轨面划伤。磨料的来源是润滑油中的杂质和切屑微粒。磨料的硬度越高，相对运动速度越快，压强越大，对导轨副的危害就越大。磨料磨损是不可避免的，因而减少磨料磨损是导轨保护的重点。黏着磨损又称分子机械磨损。在载荷作用下，实际接触点上的接触应力很大，以致产生塑性变形，形成小平面接触，在没有油膜的情况下，裸露的金属材料分子之间的相互吸引和渗透，将使接触面形成黏结而发生咬焊。当存在薄而不匀的油膜时，导轨副相对运动，油膜就会被压碎破裂，造成新生表面直接接触，产生咬焊黏着。导轨副的相对运动使摩擦面形成"黏结→咬焊→撕脱→再黏结"的循环过程。由此可知，黏着磨损与润滑状态有关，在干摩擦和半干摩擦状态时，极易产生黏着磨损。机床导轨应避免黏着磨损。接触疲劳磨损发生在滚动导轨中。滚动导轨在反复接触应力的作用下，材料表层疲劳，产生点蚀。同样，接触疲劳磨损也是不可避免的，它是滚动导轨、滚珠丝杠的主要失效形式。

3.低速运动平稳性

低速运动平稳性是指保证导轨在低速运动或微量位移时，不出现爬行现象。影响低速运动平稳性的因素包括：导轨的结构和润滑状态，动、静摩擦系数的差值，以及传动系统的刚度等。

4.刚度

足够大的刚度可以保证在额定载荷作用下，导轨的变形在允许的范围内。影响刚度的因素包括导轨的结构形式、尺寸，以及基础部件的连接方式、受力情况等。

5.结构简单、工艺性好

设计时，要注意使导轨的制造和维护方便，在可能的情况下，应尽量使导轨的结构简单，便于制造和维护。对于刮研导轨，应尽量减少刮研量；对于镶装导轨，应做到更换容易。

数控机床的导轨，除了满足以上基本要求，还有其特殊的要求：

①承载大、精度高，既要有很高的承载能力，又要求精度保持性好。

②速度范围宽，具有适应较宽的速度范围并能及时转换的能力。

③高灵敏度，运动准确到位，不产生爬行。

（三）滑动导轨

1.滑动导轨的截面形状

（1）直线运动导轨

直线运动导轨截面的形状主要有三角形、矩形、燕尾形和圆形，并可相互组合，每种导轨副还有凹、凸之分。

①三角形导轨。它的导向性和精度保持性都高，当其水平布置时，在垂直载荷作用下，动导轨会自动下沉，自动补偿磨损量，不会产生间隙。三角形导轨导向性随顶角 α 的大小变化而变化，当导轨面的高度一定时，α 越小，导向性越好，但导轨的承载面积减小，承载能力降低。当要求导轨承载能力高时，可以相应增大其顶角；当要求导向精度高时，则相应减小其顶角。但是，由于超定位、加工、检验和维修都很困难，而且当量摩擦系数也高，所以三角形导轨多用于精度要求较高的机床，如丝杠机床等。三角形导轨的顶角 α 通常为90°。

②矩形导轨。它具有刚度高，承载能力大，制造简单，加工、检验和维修都很方便等优点，但矩形导轨不可避免地存在间隙，因而导向性差。矩形导轨适用于载荷较大而导向要求略低的机床。

③燕尾形导轨。它的高度较小，可以承受颠覆力矩，间隙调整方便，用一

137

根镶条就可以调节各接触面的间隙。但是，它的刚度较差，加工、检验和维修都不是很方便。这种导轨适用于受力小、导向精度较低、要求间隙调整方便的场合。

④圆形导轨。它的制造方便，工艺性好，不易积存较大的切屑，但磨损后很难调整和补偿间隙，主要用于有轴向载荷的场合。

图 3-15（a）所示为双三角形导轨，它的导向性和精度保持性好，但由于定位、加工、检验和维修都比较困难，所以多用于精度要求较高的设备，如单柱坐标镗床。图 3-15（b）所示为双矩形导轨，它的承载能力较大，但导向性稍差，多用于普通精度的设备。图 3-15（c）所示为三角形和矩形导轨的组合，它兼有导向性好、制造方便和刚度高的优点，应用也很广泛。图 3-15（d）所示为双燕尾形导轨，它是闭式导轨中接触面最小的一种结构，用一根镶条就可以调节各接触面的间隙，如刨床的滑枕。图 3-15（e）所示为燕尾形和矩形导轨的组合，它调整方便并能承受较大的力矩，多用于横梁、立柱和摇臂导轨副等。图 3-15（f）所示为双圆柱形导轨，常用于只受轴向力的场合，如攻螺纹机和机械手等。

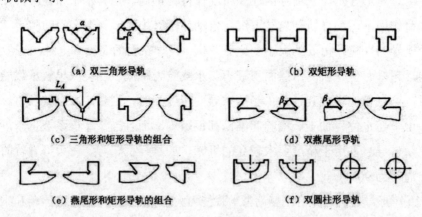

（a）双三角形导轨 　　　　　　　（b）双矩形导轨

（c）三角形和矩形导轨的组合 　　　（d）双燕尾形导轨

（e）燕尾形和矩形导轨的组合 　　　（f）双圆柱形导轨

图 3-15　直线运动导轨常用的组合形式

（2）回转运动导轨

回转运动导轨的截面形状有平面、锥面和 V 形面三种，如图 3-16 所示。

图 3-16（a）所示为平面环形导轨，它具有承载能力强、结构简单、制造方便的优点，但平面环形导轨只能承受轴向载荷。这种导轨摩擦小、精度高，适用于由主轴定心的各种回转运动导轨的设备，如齿轮加工机床。

图 3-16（b）所示为锥面环形导轨，母线倾斜角常取 30°，可以承受一定的径向载荷。图 3-16（c）、（d）、（e）所示皆为 V 形面环形导轨，可以承受较大的径向载荷和一定的倾覆力矩。但它们的共同缺点是工艺性差，在与主轴联合使用时，既保证导轨面的接触又保证导轨面与主轴的同心是相当困难的，因此有被平面环形导轨取代的趋势。

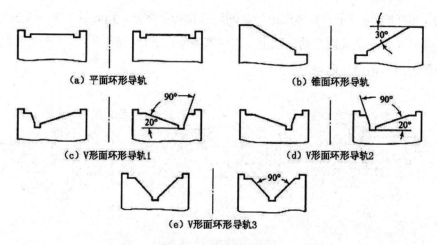

（a）平面环形导轨　　　　　　　　　（b）锥面环形导轨

（c）V形面环形导轨1　　　　　　　　（d）V形面环形导轨2

（e）V形面环形导轨3

图 3-16　回转运动导轨

回转运动导轨的直径根据下述原则选取：低速转动的圆工作台，为使其运动平稳，取环形导轨的直径接近于工作台的直径；高速转动的圆工作台，取导轨的平均直径 D' 与工作台外径之比为 0.6～0.7。

2.滑动导轨间隙的调整

滑动导轨接合面配合的松紧对机床的工作性能有相当大的影响。配合过紧不仅操作费力，还会加快磨损；配合过松则将影响运动精度，甚至会产生振动。因此，必须保证滑动导轨之间具有合理的间隙，磨损后又能方便地调整。常用镶条和压板来调整滑动导轨的间隙。

（1）镶条调整

镶条用来调整矩形导轨和燕尾形导轨的侧向间隙，以保证导轨面的正常接触。镶条应放在导轨受力较小的一侧，常用的有平镶条和斜镶条两种。

①平镶条调整。平镶条在全长上厚度不变，横截面为矩形、平行四边形或梯形，以其横向位移来调整间隙。调整间隙装置见图 3-17。其中，图 3-17（a）、（b）是靠均布的若干螺钉 1 把矩形或平行四边形镶条 2 横向推靠到导轨面上来调整间隙的。这种镶条制造简单，但各处间隙很难调得均匀，镶条较薄，全长上只有几点受力，刚性差，适于动导轨较短或受力不大、不太重要的场合。图 3-17（c）是用于调整燕尾形导轨间隙的梯形平镶条，用螺钉 1 来调整间隙，用螺钉 3 将镶条紧固在动导轨上。这种镶条刚性好，装配方便，可承受较大的颠覆力矩，但调整麻烦。

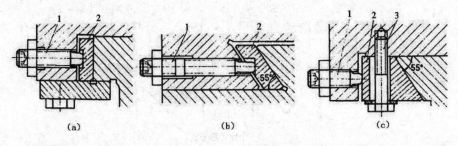

1，3—螺钉；2—镶条。

图 3-17 平镶条调整间隙装置

②斜镶条调整。斜镶条在全长上厚度不等，有一定斜度，靠纵向位移使两个侧面分别与动导轨和支承导轨均匀接触，达到调整间隙的目的，所以它比平镶条刚性好。但是斜面加工较困难，装配时要刮研或配磨，常用斜度为 1：100 至 1：40，镶条越长斜度应越小，以免两端厚度相差太大。图 3-18 所示是斜镶条调整间隙装置的几种形式，其中图 3-18（a）是用螺钉 2 带动镶条 1 纵向位移来调整间隙的，其结构简单，但螺钉凸肩和镶条沟槽的间隙会引起镶条在往复运动中窜动，影响导向精度和刚度。图 3-18（b）是在（a）的基础上增加锁紧螺母 3，可避免镶条窜动，其结构简单，应用广泛。图 3-18（c）是通过螺母

3 和 4 调整间隙并用螺母 5 锁紧螺钉 2 的，工作可靠，但结构较复杂。上述三种结构均在运动件的一端调整，适用于镶条较长的场合。图 3-18（d）是通过螺钉 2 和 3 调整间隙的，避免镶条 1 窜动，性能好，需在运动件两端调整，适用于镶条较短的场合，镶条通常放置在导轨副较短的导轨面上（多为动导轨），以减少镶条长度。

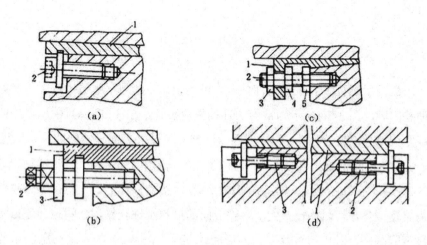

1—镶条；2—螺钉；3，4，5—螺母。

图 3-18　斜镶条调整间隙装置

（2）压板调整

在机床工作中，若导轨面在全长上能保证贴合，则可采用无压板的开式导轨结构，如图 3-19（a）所示，否则需要用图 3-19（b）中的压板 1 调整间隙并承受颠覆力矩，增加辅助导轨面 e 以保证主导轨面贴合，这种型式成为闭式导轨结构。

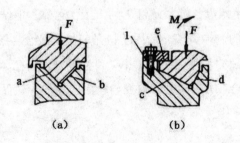

a，b，c，d，e—导轨面。

图 3-19　开式与闭式导轨结构

　　压板需用螺钉紧固在运动部件上，可用刮研、磨削、加垫片或镶条等方法来调整间隙，图 3-20 所示为常用的几种压板装置。图 3-20（a）中压板 1 的顶面用空刀槽分出接合面 m 和导向面 n，若间隙过大，则应修磨或刮研压板 m 面。这种结构刚性好、结构简单，但调整费时，适用于不经常调整间隙的导轨。图 3-20（b）是在压板 1 和运动部件 2 的接合面装有若干垫片，在调整时可根据需要增减垫片，调整较方便，但接合面的接触刚性较差，且间隙调整量受垫片厚度限制，有时仍需进行少量的修磨或刮研。图 3-20（c）是在压板 1 与导轨 3 之间装有镶条 5，用带有锁紧螺母的螺钉 6 调整间隙。这种调整方便，但仅用少数螺钉压紧镶条 5，刚性较差，可用于需要经常调整间隙、承受载荷不大的导轨。

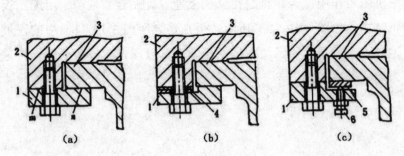

1—压板；2—运动部件；3—导轨；4—垫片；5—镶条；6—螺钉。

图 3-20　压板调整间隙装置

3.提高滑动导轨耐磨性的措施

（1）选用合适的材料

①对导轨材料的要求。导轨的材料有铸铁、钢、非铁金属和塑料等。对其主要要求是耐磨性好、工艺性好和成本低。对于塑料镶装导轨的材料，还应保证在温度升高（运动导轨 120～150 ℃，进给导轨 60 ℃）、空气湿度增大时的尺寸稳定性，在静载压强达到 5 MPa 时，不发生蠕变，且塑料的线性膨胀系数应与铸铁接近。

②常用的导轨材料主要有以下几种：

a.铸铁。铸铁成本低，有良好的减振性和耐磨性。

b.钢。采用淬火钢和氮化钢的镶钢导轨，可大幅提高导轨的耐磨性，但镶钢导轨工艺复杂，加工较困难，成本也较高。

c.非铁金属。用于镶装导轨的非铁金属板的材料主要有锡青铜和锌合金。把其镶装在动导轨上，可防止撕伤，保证运动的平稳性和提高运动精度。

d.塑料。镶装塑料导轨具有摩擦系数小、耐磨性好、抗撕伤能力强、低速时不易出现爬行、加工性能和化学稳定性好、工艺简单、成本低等特点，因而在各类设备的动导轨上都有应用。常用的塑料导轨有聚四氟乙烯导轨软带、环氧型耐磨导轨涂层、复合材料导轨板等。

③导轨副材料的选用。在导轨副中，为了提高耐磨性和防止擦伤，动导轨和支承导轨应尽量采用不同材料。即使采用相同的材料，也应采用不同热处理使双方具有不同的硬度。一般来说，动导轨的硬度比支承导轨的硬度低 15～45 HBS 为宜。

在直线运动导轨中，长导轨用较耐磨的或硬度较高的材料制造，有以下原因：长导轨各处使用机会难以均等，磨损不均匀，对加工精度的影响较大；长导轨面不容易刮研，选用耐磨材料制造可减小维修的劳动量；不能完全防护的导轨都是长导轨，它露在外面，容易被刮伤。

在回转运动导轨副中，应将较软的材料用于动导轨。这是因为圆工作台导轨比底座加工方便，磨损后维修也比较方便。

（2）提高导轨面的加工精度

提高导轨面的加工精度，增加真实的接触面积，能提高导轨的耐磨性。精刨导轨时，刨刀沿一个方向切削，使导轨表面疏松，易引起黏着磨损，所以导轨的精加工尽量不用精刨。磨削导轨能将导轨表层疏松组织磨去，提高耐磨性，可用于导轨淬火后的精加工。刮削导轨表面接触均匀，不易产生黏着磨损，不接触的表面可储存润滑油，提高耐磨性，但刮削工作量大。因此，长导轨面一般采用精磨，短导轨面和动导轨面可采用刮削。精密机床（如坐标镗床、导轨磨床）导轨副的导轨表面质量要求高，可在磨削后刮研。

（3）减小导轨承载的平均压强

导轨的压强是影响导轨耐磨性的主要因素之一。导轨的许用压强选取过大，会导致导轨磨损加快；若许用压强选取过小，则会增加导轨尺寸。动导轨材料为铸铁、支承导轨材料为铸铁或钢时，中型通用机床主运动导轨和滑动速度较大的进给运动导轨的平均许用压强为 0.4～0.5 MPa，最大许用压强为 0.8～1.0 MPa；滑动速度较低的进给运动导轨的平均许用压强为 1.2～1.5 MPa，最大许用压强为 2.5～3.0 MPa。重型机床由于尺寸大，许用压强可为中型通用机床的 1/2。精密机床的许用压强更小，以减少磨损，保持高精度，如磨床的平均许用压强为 0.025～0.04 MPa，最大许用压强为 0.05～0.08 MPa。专用机床、组合机床切削条件是固定的，负载比通用机床大，许用压强可比通用机床小 25%～30%。动导轨粘贴聚四氟乙烯软带和导轨板时，若滑移速度 $v < 1$ m/min，则许用压强与滑移速度的乘积为 $pv \leqslant 0.2$ MPa·（m/min）；若滑移速度 $v \geqslant 1$ m/min，则许用压强 $p = 0.2$ MPa。

为减小平均压强，卧式机床在工作时应保证两水平导轨都受压，立式机床的垂直导轨应有配重装置来抵消移动部件的重力。常用的配重装置为链条链轮组，链轮固定在支承件上，链条两端分别连接重锤和动导轨及移动部件，重锤质量大致为运动部件质量的 85%～95%，未平衡的重力由链轮轴承和导轨的摩擦阻力以及绕在链轮上的链条的阻力来补偿。

导轨运动精度要求高的机床和承载能力大的重型机床，为减小导轨面的接触压强，减小静摩擦因数，提高导轨的耐磨性和低速运动的平稳性，可采用卸荷导轨。图 3-21 所示为常用的机械卸荷导轨，导轨上的一部分载荷由辅助导轨上的滚动轴承承受，摩擦性质为滚动摩擦。一个卸荷点的卸荷可通过调整螺钉调节碟形弹簧来实现。如果机床为液压传动，则应采取液压卸荷。液压卸荷导轨是在导轨上加工出纵向油槽，油槽结构与静压导轨相同，只是油槽的面积较小，因而液压油进入油槽后，油槽压力不足以将动导轨及运动部件浮起，但油压力作用于导轨副的摩擦面之间，减小了接触面的压强，改善了摩擦性质。如果导轨的负载变动较大，则应在每一进油孔上安装节流器。

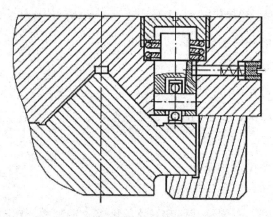

图 3-21　机械卸荷导轨

（4）提高动压效应，改善摩擦状态

从摩擦性质来看，普通滑动导轨处于具有一定动压效应的混合摩擦状态。混合摩擦的动压效应不足以把导轨摩擦面隔开。提高动压效应，改善摩擦状态，可提高导轨的耐磨性。导轨的动压效应主要与导轨的滑移速度、润滑油黏度、导轨面上油槽形式和尺寸有关。导轨副相对滑移速度越高，润滑油的黏度越大，动压效应越显著。润滑油的黏度可根据导轨的工作条件和润滑方式选择：低载荷（压强 $p \leqslant 0.1$ MPa）、速度较高的中小型机床进给导轨可采用 N32 号机械润滑油；中等载荷（压强 p 为 $0.1 \sim 0.4$ MPa）、速度较低的机床导轨（大多数机床属于此类）和垂直导轨可采用 N46 号机械润滑油；重型机床（压强 $p \geqslant$

0.4 MPa）的低速导轨可采用 N68 和 N100 号机械润滑油。导轨面上的油槽尺寸、油槽型式对动压效应的影响，在于储存润滑油的多少。储存润滑油越多，动压效应越大。导轨面的长度与宽度之比（L/B）越大，越不容易储存润滑油。因此，在动导轨上加工横向油槽，相对于减小导轨的长宽比，提高了润滑油的能力，从而提高了动压效应。在导轨面上加工纵向油槽，相当于提高了导轨的长宽比，因而降低了动压效应。

（四）滚动导轨

在两导轨之间放置滚珠、滚柱或滚针等滚动体，使导轨面之间的摩擦具有滚动摩擦性质，这种导轨称为滚动导轨。

1.滚动导轨的特点

滚动导轨的特点如下：

①运动灵敏度高，牵引力小，移动轻便。

②定位精度高。

③磨损小，精度保持性好。

④润滑系统简单，维修方便。

⑤抗振性较差，一般滚动体和导轨需用淬火钢制成，对防护要求也较高。

⑥导向精度低。

⑦结构复杂，制造困难，成本较高。

2.滚动导轨的分类

（1）按滚动体的类型分类

按滚动体的类型，滚动导轨分为滚珠滚动导轨、滚柱滚动导轨和滚针滚动导轨等类型。

①滚珠滚动导轨。滚珠滚动导轨结构紧凑，制造容易，成本较低，但由于接触面积小，刚度低，因此承载能力较小。滚珠滚动导轨适用于运动部件质量不大（小于 200 kg）、切削力和颠覆力矩都较小的机床。

②滚柱滚动导轨。滚柱滚动导轨的承载能力和刚度都比滚珠滚动导轨大，适用于载荷较大的机床，是应用最广泛的一种滚动导轨。

③滚针滚动导轨。滚针的长径比较滚柱的长径比大，因此滚针滚动导轨的尺寸小，结构紧凑，多用在尺寸受限制的地方。

（2）按运动轨迹分类

按运动轨迹的不同，滚动导轨可分为直线运动滚动导轨和圆周运动滚动导轨。

3. 滚动导轨的预紧

预紧可以提高滚动导轨的刚度，一般来说，与没有预紧的滚动导轨相比，有预紧的滚动导轨的刚度可以提高 3 倍以上。

对于整体型的直线滚动导轨，可由制造厂通过选配不同直径钢球的办法来决定间隙或预紧。机床厂可根据要求的预紧订货，不需要自己调整。对于分离型的直线导轨副，应由用户根据要求，按规定的间隙进行调整。

预紧的办法一般有以下两种：

（1）采用过盈配合

随着过盈量的增加，一方面导轨的接触刚度开始急剧增加，到一定值之后，刚度的增加就慢下来了；另一方面牵引力也在增加，开始时，牵引力增加不大，当过盈量超过一定值后，牵引力便急剧增加。

（2）采用调整元件

采用调整元件的调整原理和调整方法与滑动导轨调整间隙的原理和方法相同，采用调整斜镶条和调节螺钉的办法进行预紧。

4. 滚动体的尺寸和数目

滚动体的直径、长度和数目，可根据滚动导轨的结构进行选择，然后按许用载荷进行验算，选择时应考虑下列因素：

①滚动体的直径越大，滚动摩擦系数越小，滚动导轨的摩擦阻力也越小，接触应力越小，刚度越高。滚动体直径过小不仅会导致摩擦阻力加大，而且会产生滑动现象。因此，在结构不受限制时，滚动体直径越大越好。一般滚珠直

径应不小于 6 mm。滚柱过长会引起载荷不均匀，一般滚柱长度取 25～40 mm，长径比取 1.5～2。尽量不选择滚针导轨，若结构限制必须使用滚针导轨，则滚针直径不得小于 4 mm，滚针的直径应一致，允许误差为 0～0.5 μm。

②对滚动体进行承载能力验算时，若不能满足要求，则可加大滚动体直径或增加滚动体数目。对于滚珠导轨，应优先加大滚珠直径，这是因为直径的平方与承载能力成正比。对于滚柱导轨，加大直径和增加数目是等效的。

③滚动体的数量也应适当。滚动体数量过少，则导轨制造误差将明显地影响滚动导轨的移动精度，通常每个导轨上每排滚子数量最少为 13 个（为计算方便，可取奇数）。在滚柱导轨中，增加滚柱的长度可降低接触面上的压力和提高刚度，但随着滚柱长度的增加，由滚柱圆柱误差引起的载荷不均匀分布也在增加，到了一定长度后，刚度提高就不大了。若强度不足，则可增加滚柱直径和数目。对于铸铁导轨，由于可刮研，加工误差较小，所以滚柱的长径比可大一些。

（五）静压导轨

在导轨的油腔中通入具有一定压强的润滑油以后，就能使动导轨微微抬起，在导轨面间充满润滑油所形成的油膜，在工作过程中，导轨面上油腔的油压随外加载荷的变化自动调节，保证导轨在液体摩擦状态下工作。这就是静压导轨的工作原理。与其他导轨相比，静压导轨具有以下优点：

①静压油膜使导轨面分开，导轨在启动和停止阶段没有磨损，精度保持性好。

②静压导轨的油膜较厚，有均化误差的作用，可以提高精度。

③摩擦系数很小，大大降低了传动功率，减小了摩擦发热。

④低速移动准确、均匀，运动平稳性好。

⑤与滚动导轨相比，静压油膜具有吸振的能力。

静压导轨的缺点如下：

①结构比较复杂。

②增加了一套液压设备。

③调整比较麻烦。

静压导轨按结构形式分类，有开式静压导轨和闭式静压导轨两类。开式静压导轨如图 3-22（a）所示，适用于运动速度比较低的重型机床。闭式静压导轨如图 3-22（b）所示，可以承受双向外载荷，具有较高的刚性，常用于要求承受倾覆力矩的场合。

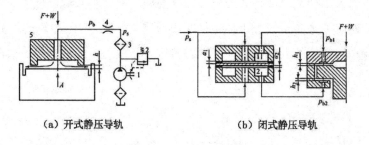

（a）开式静压导轨　　　　（b）闭式静压导轨

1—液压泵；2—溢流阀；3—滤油器；4—节流阀；5—运动件。

图 3-22　静压导轨

静压导轨按供油情况分类，有定压式静压导轨和定量式静压导轨两类。在定压式静压导轨上可以用固定节流器，也可以用可变节流器。定压开式静压导轨工作时，压力油经节流器进入导轨的各个油腔，使运动部件浮起，导轨面被油膜分开，油腔中的油不断地通过封油边而流回油箱。当动导轨受到外载荷作用向下产生一个位移时，导轨间隙变小，增加了回油阻力，使油腔中的油压升高，以平衡外载荷。定量式静压导轨要保证流进油腔的润滑油的流量为定值。因此，每一油腔都需有一定量的泵供油，为了简化结构，常采用多联齿轮泵。导轨间隙随载荷的变化而变化，由于流量不变，油腔内的压强将随之变化。当导轨间隙随外载荷的增大而减小时，油压上升，载荷得到平衡。载荷的变化只会引起很小的间隙变化，因而能得到较高的油膜刚度。定量式静压导轨需要多个油泵，每个油泵流量很小，但结构复杂。

（六）导轨的润滑和防护

润滑的目的是减少磨损，降低温度、摩擦力，防止锈蚀。导轨常用的润滑剂有润滑油和润滑脂，滑动导轨用润滑油，滚动导轨则两种都可用。润滑油润滑可采用人工定期向导轨面浇油，或用专门的润滑装置集中供油，或自动点滴式润滑等方式。

润滑脂润滑是将润滑剂覆盖在导轨摩擦表面上，形成黏结型润滑膜。在润滑油脂中加入添加剂可增强或改善导轨副的承载能力和高低温性能。

导轨的防护是防止或减少导轨副磨损的重要方法之一，导轨的防护方式很多，普通车床常用的为刮板式，在数控机床上常采用可伸缩的叠层式防护罩。

第二节　夹具

夹具是机床工作时最重要的工艺装备之一，它伴随着机床的产生而产生，随着机床的发展而发展。最早使用的机床夹具附带在机床上，作为机床附件配套供应给用户，如车床上的鸡心夹头和卡盘、刨床上的虎钳等。这些机床夹具适应性广，被称为通用夹具。

随着现代工业的飞速发展，特别是汽车工业的发展，在 20 世纪初，专用夹具便崭露头角。但专用夹具的经济性需要经受历史的考验，不仅因为国民经济中小批量加工任务占有相当大的比例，制造专用夹具成本惊人，而且因为新产品的不断推出，向专用夹具制造的时间提出了挑战。从 20 世纪 40 年代开始，人们便着手研究适合单件小批生产和可重复使用的夹具，随之出现了组合夹具和各种可调夹具。组合夹具最早出现在第二次世界大战中英国制造坦克的军工厂。由于快速组装的积木式夹具能及时满足军工生产的需求，所以受到战时英国政府的重视。20 世纪 50 年代以后，组合夹具逐渐在欧洲盛行。而我国的组合夹具试制于 20 世纪 50 年代后期，推广于 20 世纪 60 年代初期，大多集中在槽系组合夹具上。

自 20 世纪 50 年代以来，美国致力于数控机床的研究，数控机床在机械制造业中的广泛使用，进一步推动了组合夹具的发展。数控机床和加工中心对夹具的使用性能和结构提出了新的要求，孔系组合夹具便如鱼得水。以数控机床为基础建立的现代柔性制造单元和柔性制造系统推动了组合夹具技术的革命，计算机集成制造系统又迫切需要能适应产品变化的柔性夹具。20 世纪 80 年代以后，柔性夹具的研究开发主要沿着传统夹具创新和原理与结构创新两大方向发展。传统夹具创新主要有可调整夹具和组合夹具，而原理与结构创新则出现了相变和伪相变式柔性夹具、适应性夹具和模块化程序控制夹具。随着计算机技术的发展，机床夹具的设计也从手工设计向计算机辅助设计发展，国内已有这方面的研究。

一、机床夹具概述

金属切削加工时，工件在机床上的安装方式一般有直接找正安装、划线找正安装和采用机床夹具安装三种。大批大量生产时常采用机床夹具安装。机床夹具是指机床上用以装夹工件的一种装置，它使工件相对于机床或刀具获得正确的位置，并在加工过程中保持位置不变。工件在夹具中的安装包括工件的定位和工件的夹紧。

（一）夹具的功用

1.保证加工精度，稳定产品质量

夹具的尺寸精度、位置精度和形状精度远高于被加工件所要求的精度，工件借助在夹具中的正确安装，使工件加工表面的位置精度不必依赖于工人的技术水平，而主要靠夹具和机床来保证，因此产品质量高且稳定。

2.提高劳动生产率，降低加工成本

采用夹具后，可省去划线、找正等工作，不必试切、对刀，易于实现多件、多工位加工。尤其是采用气动、液压动力夹紧等快速高效夹紧装置，使辅助时间大大缩短，从而提高了劳动生产率。使用夹具后产品质量稳定，对操作者的技术要求降低，均有利于降低加工成本。

3.扩大机床的工艺范围

在机床上使用夹具可以改变机床的用途和扩大机床的使用范围。例如，在车床或摇臂钻床上装上镗模，就可以进行单孔或孔系的加工；利用专用夹具可以改刨床为插床，改车床或铣床为加工型面的仿形机床等。有时，对一些形状复杂的工件必须使用专用夹具以实现装夹加工。

4.改善工人的劳动条件

采用夹具后，可以使工件的装卸方便、省力、安全，另外还能采用气动、液压等机械化装置，以减轻工人的劳动强度，改善工人的劳动条件，保证生产安全。

（二）夹具的分类

夹具有不同的分类方法：按机床的种类可分为车床夹具、钻床夹具、铣床夹具、镗床夹具、刨床夹具等；按所采取的夹紧力源可分为手动夹具、液压夹具、气动夹具、电动夹具、电磁夹具、真空夹具、自夹紧夹具等；按机床的技术特征可分为传统夹具、现代夹具；按夹具结构与用途可分为通用夹具、专用夹具、可调夹具、成组夹具、组合夹具、随行夹具等。

为了后文叙述问题方便，现将夹具按结构与用途的分类简单介绍如下：

1.通用夹具

通用夹具是指已经标准化的、在一般通用机床上所附有的一些使用性能较广泛的夹具，如车床上的三爪自定心卡盘、四爪卡盘，铣床和刨床上的平口虎

钳、分度头，磨床上的电磁吸盘等。这些夹具的通用化程度高，既适用于多种类型、不同尺寸工件的装夹，又能在各种不同机床上使用。这类夹具往往作为机床附件供应，也由机床附件厂家生产。

2.专用夹具

专用夹具是指专为某个工件、某道工序设计的夹具。此类夹具一般都由使用单位根据加工工件的要求自行设计、制造，生产准备周期较长。专用夹具针对性强，一般不具有通用性，一旦修改产品设计，相关的专用夹具就有被弃置的可能，难以满足目前机械制造业向多品种、中小批生产方向发展的需要。因此，专用夹具仅适用于产品相对稳定、批量较大的情况，以及不用夹具就难以保证加工精度的场合。

3.可调夹具

可调夹具是指能够通过调节和更换装在通用夹具基础上的某些可调或可换元件，来加工若干不同种类工件的一类夹具。与专用夹具相比，可调夹具有较强的适应产品更新的能力。中小批生产时，使用可调夹具往往会获得最佳的经济效益。

4.成组夹具

成组夹具是指根据成组加工工艺的原则，针对一组形状相似、工艺相似的零件而设计的夹具。它也是由通用基础件和可更换调整元件组成的夹具。

成组夹具主要用于加工形状相似和尺寸相近的工件，因此这类夹具或部件可预先制造好备存起来，根据所加工工件的具体形状及工艺要求，经过补充加工或添置一些零件后即可用于生产。

5.组合夹具

组合夹具是指在模块化和标准化的基础上，由可重复使用的各种通用的标准元件和部件，按照工序加工要求，针对不同加工对象，迅速装配成易拆卸的专用夹具。这些元件和部件具有精度高、耐磨、可完全互换、组装及拆卸方便等特点。夹具用完后即可拆卸存放，当重新组装时又可重复使用。组合夹具是柔性夹具的典型代表，具有缩短生产准备周期、降低成本、提高中小型企业的工艺装备利用率、易于计算机辅助设计等优点，是今后夹具发展的方向。组合夹具除适用于新产品试制和单件小批生产外，还适用于柔性制造系统及批量生产中。

6.随行夹具

随行夹具是指用于组合机床自动线上的一种移动式夹具。工件安装在随行夹具上，除了完成对工件的定位和夹紧，还带着工件按照自动线的工艺流程由自动线的运输机构送到各台机床的夹具上，再由夹具对它进行定位和夹紧。随行夹具主要是在自动生产线、加工中心、柔性制造系统等自动化生产中，用于外形不太规则，不便于自动定位、夹紧和运送的工件。工件在随行夹具上安装定位后，由运送装置把随行夹具运送到各个工位上。此外，对于有色金属工件，如果在自动线中直接输送，则其基面容易磨损，因而也须采用随行夹具作为定位夹紧和自动输送的附加装置。

（三）夹具的组成

尽管夹具种类繁多，但一般都由以下部分组成（图3-23所示为钻夹具）：

1.定位元件及定位装置

定位元件及定位装置是指用于确定工件在夹具中的准确位置的元件及装置，如图3-23中的定位法兰4和定位块5。工件完成定位后，工件的定位基面与夹具定位元件直接接触或相配合，因此当工件定位基面的形状确定后，定位元件的结构通常也就基本确定了。定位元件的定位精度也直接影响工件的加工精度。

2.夹紧装置

夹紧装置用于夹紧工件，保证工件定位后的位置在加工过程中不变。该部分的类型很多，通常包括夹压元件（如压板、夹爪等）、增力及传动装置（如气缸、液压缸等），所采用的具体结构会影响夹具的复杂程度与性能，如图3-23中的手柄10、螺母9、螺杆3和转动垫圈2等均为夹紧元件。

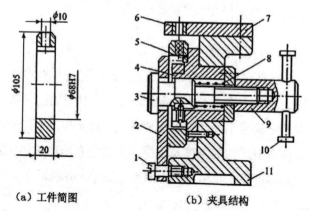

（a）工件简图　　　　（b）夹具结构

1—螺钉；2—转动垫圈；3—螺杆；4—定位法兰；5—定位块；6—钻套；

7—钻模板；8—弹簧；9—螺母；10—手柄；11—夹具体。

图 3-23　钻夹具（mm）

3.对刀元件和导引元件

对刀元件和导引元件用于确定或引导刀具，使其与夹具的定位元件保持正确的相对位置，如钻床夹具中的钻套、镗床夹具中的镗套、铣床夹具中的对刀块等。

4.其他装置

其他装置主要是指根据工件加工要求所设置的一些特殊装置，如分度装置、工件抬起装置等均属于此类装置。

5.夹具体

夹具体用于连接夹具各组成部分，使之成为一个整体，并通过它将整个夹具安装在机床上。

6.连接元件

用以确定夹具本身在机床的工作台或主轴上的位置的元件称为连接元件。

通常定位元件、夹紧装置和夹具体是夹具的基本组成部分，其他部分则需根据夹具所属的机床类型、工件加工表面的特殊要求等设置。

（四）夹具应满足的基本要求

1.保证工件的加工精度

设计夹具时，工件定位应符合定位原理，定位元件与机构应能合理地限制工件加工时应限制的自由度，工件的定位精度、夹具对刀引导精度、分度精度及夹具位置精度等应满足工件加工精度要求，夹具元件，尤其是定位元件、导引元件及夹具体应具有足够的刚度及强度，夹紧装置所产生的夹紧力应足够、合适，以保证夹紧的可靠性和尽可能小的夹紧变形，并确保夹具能满足工作的加工精度要求。

2.夹具的总体方案应与生产纲领相适应

在大批大量生产时，应尽量采用各种快速、高效的结构，提高生产率；在小批生产中，尽量使夹具结构简单、易于制造；对介于大批大量生产和小批生产之间的各种生产规模，则可根据经济性原则选取合理的结构方案。

夹具结构在与生产批量相适应的条件下，应尽量采用夹紧可靠、快速高效的夹紧结构与传动方式，通用可调整夹具及成组夹具元件的调整、更换应快速、准确、方便。

3.有利于降低成本

在保证加工质量和效率的前提下，夹具结构应力求简单，尽量采用结构成熟的标准夹具元件、标准的夹紧机构，减少非标准零件，以提高夹具的标准化程度，缩短夹具设计和制造周期，降低夹具生产成本。

4.使用维护性好，安全方便

夹具的操作应方便、安全，能减轻工人的劳动强度。例如，操作位置应符合工人的习惯，工件的装卸要方便，夹紧要省力。

必要时，夹具结构中应考虑有安全防护装置（防屑、防尘、防漏油及溅液等）以及良好的排屑结构、润滑方式、搬运与吊装措施。高速回转夹具应可靠、配重平衡，并防止离心力引起夹紧力的变化，同时还要考虑夹具操作、维护方便等要求。

5.具有足够的刚度、强度和良好的稳定性

为保证工件加工精度要求和夹具本身的精度不受破坏，以及在加工中夹具不发生振动等，夹具结构应具有较高的刚度和强度。安装在机床工作台上后，夹具应具有良好的稳定性，为此需注意夹具底面轮廓尺寸与夹具高度尺寸应适当成一定的比例。

6.具有良好的工艺性

所设计的夹具应便于制造、装配、检测、调整和维修。对于夹具上精度要求高的位置尺寸和位置公差，应考虑能否在装配后以组合件的方式直接加工保证，或在装配时用调整装配法得到保证。

（五）夹具的设计过程

1.明确设计要求，收集和研究有关资料

在接到夹具设计任务书后，既要仔细阅读加工件的零件图和与之有关的部件装配图，了解零件的作用、结构特点和技术要求，也要认真研究加工件的工艺规程，充分了解该工序的加工内容和加工要求，了解该工序使用的机床和刀具，研究分析夹具设计任务书上所选用的定位基准和工序尺寸。

2.确定夹具的结构方案

确定夹具结构方案的步骤如下：

①确定定位方案，选择定位元件，计算定位误差。

②确定对刀或导向方式，选择对刀块或导向元件。

③确定夹紧方案，选择夹紧机构。

④确定夹具其他组成部分的结构形式，如分度装置、夹具和机床的连接方式等。

⑤确定夹具体的形式和夹具的总体结构。

⑥进行工序精度分析。经过总布局多方案比较后，确定一个最合理的方案草图，并组织制造、使用部门的有关人员进行会审，以便完善总布局方案。

在确定夹具结构方案的过程中，应提出几种不同的方案进行比较分析，选取其中最为合理的结构方案。

3.绘制夹具装配草图和装配图样

夹具总图绘制比例尺除特殊情况外，一般均应按 1：1 绘制，以使所设计夹具有良好的直观性。总图上的主视图，应尽量选取与操作者正对的位置。

绘制夹具装配图可按以下顺序进行：①用双点划线画出工件的外形轮廓和定位面、加工面；②画出定位元件和导向元件；③按夹紧状态画出夹紧装置；④画出其他元件或机构；⑤画出夹具体，把上述各部分组合成一个整体，形成完整的夹具。在夹具装配图中，被加工件视为透明体。

（1）夹具总装配图上应标注设计的尺寸

①工件与定位元件间的联系尺寸，如工件基准孔与夹具定位销的配合尺寸。

②夹具与刀具的联系尺寸，如对刀块与定位元件之间的位置尺寸及公差，钻套、镗套与定位元件之间的位置尺寸及公差。

③夹具与机床连接部分的尺寸。对于铣床夹具，是指定位键与铣床工作台T 形槽的配合尺寸及公差；对于车床、磨床夹具，是指夹具到机床主轴端的连接尺寸及公差。

④夹具内部的联系尺寸及关键件配合尺寸，如定位元件间的位置尺寸、定位元件与夹具体的配合尺寸等。

⑤夹具外形轮廓尺寸。

（2）确定夹具技术条件

在装配图上需要标出与工序尺寸精度直接有关的下列各夹具元件之间的相互位置精度要求：

①定位元件之间的相互位置要求。

②定位元件与连接元件（夹具以连接元件与机床相连）或找正基面间的相互位置精度要求。

③对刀元件与连接元件（或找正基面）间的相互位置精度要求。

④定位元件与导向元件的位置精度要求。

4.绘制夹具零件图

完成夹具体总体设计并经审核批准后，方可绘制元件的零件图（指所有的非标准件）。零件图的主视图方位，尽可能与装配图上的位置一致。

由于夹具属于单件生产类型，故其总装精度通常是采用调整法或修配法保证的。因此，在标注零件技术要求时，除与总装技术要求协调外，往往采用注解法说明，如在某尺寸上注明"装配时与××件配作""调整时磨"或"见总图技术要求"字样等。

夹具元件的尺寸、公差和技术要求必须与总装技术要求相协调。通常采用以下两种方法保证装配精度：

①当夹具的某装配精度要求不高，且影响这个装配精度的链环不多时，可用解尺寸链法确定各有关元件相应的精度来直接保证该装配精度。

②当夹具的某装配精度要求很高，且影响该装配精度的链环又较多时，宜采用装配时直接加工或用调整法来保证装配精度，此方法在经济上也是合算的。

5.编写夹具设计说明书

夹具设计的各步骤既有一定的顺序，又可以在一定的范围内交叉进行，一般来说，图样完成后应整理出符合要求的说明书。夹具设计图样完成并投入制造后，设计工作的全过程尚未全部完成。只有待处理完制造、装配、调整及使用过程中发现的全部问题，直至使用该夹具加工出合格的工件并达到预定的生产率为止，才算完成夹具设计的全过程。

（六）现代夹具的发展方向

现代夹具的发展方向主要表现为标准化、精密化、高效化、通用化和柔性化等。

1.标准化

夹具的标准化是简化夹具设计、制造和装配工作的有力手段,有利于缩短夹具的生产准备周期,降低生产总成本。目前,我国夹具的标准化工作已经有一定的基础,已有夹具零件和部件的标准,以及各种通用夹具、组合夹具标准等。夹具的标准化可为夹具计算机辅助设计与组装打下基础。应用计算机辅助设计技术,可建立元件库、典型库、标准和用户使用档案库,进而进行夹具优化设计。

2.精密化

由于产品的机械加工精度日益提高,不仅要求采用高精密的机床,同样也要求夹具越来越精密。目前,高精度自动定心夹具的定心精度可以达到微米级甚至亚微米级,高精度分度台的分度精度可达±0.1″。在孔系组合夹具基础板上,采用调节粘接法,定位孔距精度高达±5 μm,夹具支承面的垂直度可达到0.01 mm/300 mm,平行度高达 0.01 mm/500 mm。精密平口钳的平行度和垂直度在 0~5 μm 以内,夹具重复安装的定位精度高达±5 μm。

3.高效化

高效化夹具主要用来减少工件加工的辅助时间,以提高劳动生产率,减轻工人的劳动强度。为了减少工件的安装时间,各种自动定心夹紧、精密平口钳、杠杆夹紧、凸轮夹紧、气动和液压夹紧、快速夹紧等功能部件不断地推陈出新。例如,在铣床上使用电动虎钳装夹工件,效率可提高 5 倍左右;在车床上使用高速三爪自定心卡盘,可保证卡爪在试验转速为 9 000 r/min 的条件下仍能牢固地夹紧工件,从而使切削速度大幅度提高。目前,除了在生产流水线、自动线配置相应的高效、自动化夹具,在数控机床上,尤其在加工中心上出现了各种自动装夹工件的夹具以及自动更换夹具的装置,实现了夹具的高效率。

夹具的高效化可通过在定位、夹紧、分度、转位、翻转、上下料和工件传送等各种动作上的自动化来实现。

(1)磁性夹具

与传统的机械夹持方法相比,磁性夹具在性能方面有明显的优点。磁性吸盘能在最短的调整时间内使工件达到较高的定位精度，确保达到最大的吸紧力，并且夹紧力分布均匀。由于整个工件都是暴露的，不会使工件的部分部位受到夹具的限制，因而有可能通过一次装夹完成全部加工。矩形磁性吸盘可以将多个工件很方便地装在一个夹具上，以充分利用机床工作台的台面，进行大批量的磨削、铣削等。

现在的磁性夹具通过应用最新和最强有力的稀土磁性材料，已经具有比以往任何时候都更好的工件夹紧性能，夹紧力明显比其他类型电磁夹具大得多，即使对一个工件进行五面强力铣削也能不产生振动，还能适应更高的进给速度，在某些情况下所适应的进给速度是机械夹紧状态下的 3 倍。将其用于板材的铣削，由于避免了原来所需的工件搬运和重复装夹，装夹更快，生产效率得到了提高。

（2）数控夹具

数控夹具具有按数控程序使工件进行定位和夹紧的功能。工件一般采用一面两孔定位，夹具上两个定位销之间的距离根据需要所做的调节、定位销插入和退出定位孔以及其他的定位和夹紧动作均可按程序自动实现。相应的动作元件由步进电动机或液压传动驱动。

与一般可调夹具或组合夹具相比，数控夹具有更好的柔性，在加工中心或柔性制造单元上使用时，可显著地提高自动化程度和机床的利用率。

（3）自动夹具

自动夹具是指具有自动上下料机构、能自动定位夹紧的专用夹具。如果工件需人工定向，则称为半自动夹具。自动夹具可减少辅助时间，降低劳动强度，提高生产率，适用于批量大、形状规则的工件。在普通机床上装上自动夹具，即可实现自动加工。

4.通用化

专用夹具设计制造周期长，成本高，一旦产品稍有变更，夹具就会由于无法再使用而报废，不适应于单件小批生产和产品更新换代周期越来越短的要求。夹具的通用性直接影响其经济性，因此提高夹具的通用化程度势在必行。

提高夹具通用化程度的主要措施如下：

①改专用夹具的不可拆结构为可拆结构，使其拆开后可以重新组合并用于新产品的加工，由此应运而生的组合夹具得到迅速发展。采用组合夹具，一次性投资比较大，但夹具系统可重组性、可重构性及可扩展性功能强，应用范围广，通用性好，夹具利用率高，收回投资快，经济性好，很适合单件小批生产和新产品的试制。

②发展可调夹具结构。当产品变更时，只要对原有夹具进行调整，或更换部分定位、夹紧元件，就可适用于新产品的加工。

5.柔性化

夹具的柔性化主要是指夹具的结构柔性化。设计夹具时，采用可调或成组技术和计算机软件技术，只需对结构做少量的重组、调整和修改，或修改软件，就可以快速地推出满足不同工件或相同工件的相似工序加工要求的夹具。具有柔性化特征的新型夹具种类主要有通用可调夹具、模块化夹具等。为适应现代机械工业多品种、中小批生产的需要，提高夹具的柔性化程度，将是当前夹具发展的主要方向。

二、工件的定位及定位元件

当用夹具装夹一批工件时，必须使工件在机床上相对刀具的成形运动处于准确的相对位置。这个准确位置是靠夹具定位元件的工作面与工件的定位面接触和配合保证的。

（一）工件定位原理

在机械加工中，用来确定加工对象几何要素间的几何关系所依据的点、线、面称为基准。在夹具设计中涉及的基准主要有两类，一类是设计基准，另一类是工艺基准。设计基准通常是指在设计图上确定零件几何要素的几何位置所依据的基准，也可以理解为零件图样上标注尺寸的起点。工艺基准是指在工艺过程中所采用的基准。工艺基准又包括工序基准、定位基准、测量基准和装配基准等。

1.工序基准

在工序图上用来确定本工序加工表面加工后的尺寸、形状和位置的基准称工序基准。

如图 3-24 所示为台阶轴的工序基准，对于轴向尺寸，在加工时通常先车端面 1，再掉头车端面 2 和环面 4，这时所选用的工序基准为端面 2，直接得到的加工尺寸为 A 和 C。对尺寸 A 来说，端面 1 和 2 均为其设计基准，因此它的设计基准与工序基准是重合的。尺寸 B 不能直接得到，而是通过尺寸 A 和 C 间接得到的，因此其设计基准与工序基准是不重合的。由于尺寸 B 是间接得到的，在此多了一个加工尺寸 A 的误差环节。

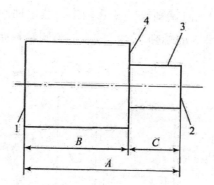

1，2—端面；3—圆表面；4—环面。

图 3-24 台阶轴的工序基准

在确定工序基准时主要应考虑以下三个问题：

①首先考虑选择设计基准为工序基准，避免基准不重合所造成的误差。

②若不能选择设计基准为工序基准，则必须保证零件设计尺寸的技术要求。

③所选工序基准应尽可能用于定位，即为定位基准，并便于工序尺寸

的检验。

2.定位基准

定位基准是指在加工过程中，使工件在夹具中占有准确加工位置所依据的基准，即工件和夹具定位元件相接触的点、线、面。定位基准是获得零件尺寸、形状和位置的直接基准，占有很重要的地位，定位基准的选择是加工工艺中的难题。定位基准可分为粗基准和精基准，又可分为固有基准和附加基准。

固有基准是零件上原来就有的表面，附加基准是根据加工定位的要求在零件上专门制造出来的，如轴类零件车削时所用的顶尖孔。

3.测量基准

测量时所采用的基准，即用来确定被测量尺寸、形状和位置的基准，称为测量基准。测量基准可以是实际存在的，也可以是假想的。实际存在的测量基准也称为测量基面。对于假想的测量基准，一定有一个实际存在的测量基面来体现，如图 3-25 所示的阶梯轴放在 V 形块上，测量轴颈 1 径向圆跳动，轴颈 2 的轴线 3 为测量基准，而轴颈 2 的外圆表面为测量基面。

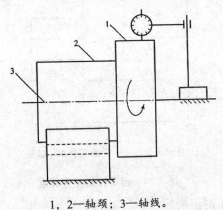

1, 2—轴颈；3—轴线。

图 3-25　测量基准与测量基面

4.装配基准

装配时用来确定零件或部件在产品中的相对位置所采用的基准，称为装配基准。装配基准可以是实际存在的，也可以是假想的。实际存在的装配基准，也称为装配基面。如图 3-26 所示，倒挡齿轮 2 轴向的装配基面是与变速器壳体 1 接触的右端轮毂端面，倒挡齿轮径向的装配基准为其内孔轴线，而内孔表面为装配基面。

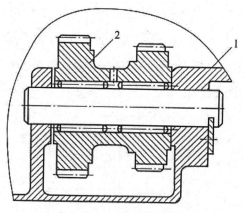

1—变速器壳体；2—倒挡齿轮。

图 3-26　汽车倒挡齿轮的装配基准

上述各基准应该尽可能重合。图 3-26 所示的倒挡齿轮，在设计其零件图样时，把装配基准的内孔作为设计基准；在加工轮齿齿面时，将内孔轴线又作为工序基准和定位基准；在测量齿圈径向圆跳动时，也将内孔轴线作为测量基准。因此，该齿轮的装配基准、设计基准、工序基准、定位基准和测量基准重合（均为内孔轴线）。基准重合是工程设计中应遵循的一个基本原则。在设计产品时，应尽量把装配基准作为零件图样上的设计基准，以便直接保证装配精度的要求。在加工零件时，应使工序基准与设计基准重合，以便能直接保证零件的加工精度，还应使工序基准与定位基准重合，以避免进行复杂的尺寸换算，避免产生基准不重合误差。

（二）工件定位的约束分析

通过对工件定位的约束分析，根据限制工件自由度的情况，定位又分为以下几种情况：

1.完全定位

将工件的 6 个自由度完全限制，使其在夹具中占有完全确定的唯一位置，称为完全定位。如图 3-27 所示，在一个长方体工件上铣一个不通槽，下面分析需要限制几个自由度。槽要对中，故要限制沿 X 轴移动和绕 Z 轴旋转；有深度要求，故要限制沿 Z 轴移动；不通槽的长度有要求，故要限制沿 Y 轴移动；槽底要和工件底面平行，故要限制沿 X 轴和 Y 轴转动。因此，在长方体上铣不通槽需要限制 6 个自由度。

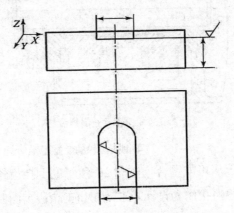

图 3-27　工件的完全定位

2.不完全定位

工件的 6 个自由度中的部分被限制，但能满足工件加工的要求。如图 3-28 所示，在长方体上铣一个通槽时的定位，要求保证工序尺寸 A 和 B。在夹具设计中，Y 方向的移动自由度可以不限制，当一批工件在夹具上定位时，各个工件沿 Y 轴的位置即使不同，也不会影响加工要求。

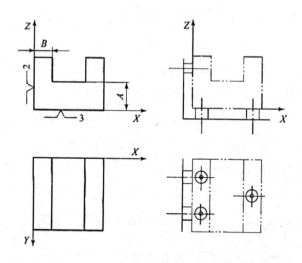

图 3-28　不完全定位示例

以上两种定位都能满足加工的要求。从简化夹具设计、降低加工成本考虑，推荐使用不完全定位；从保证加工质量及安全可靠的角度考虑，应尽可能采用完全定位。究竟采用完全定位还是不完全定位，要根据具体情况具体分析。

值得注意的是，有些加工虽然按加工要求不需要限制某些自由度，但从承受夹紧力、切削力、加工调整方便等角度考虑，可以多限制一些自由度，这是必要的，也是合理的，这些自由度称为附加自由度。

3.欠定位

在加工时，根据加工面的尺寸、形状和位置要求，没有将要求必须限制的自由度全部限制，这种定位称为欠定位。欠定位在夹具设计中是一种严重的错误。以此制作的夹具，无法满足加工要求，往往容易造成质量或安全事故。这种情形是不允许发生的。值得注意的是，在分析工件定位时，当所限制的自由度少于 6 个时，则要判定是欠定位还是不完全定位。如果是欠定位，则必须将应限制的自由度限制住；如果是不完全定位，则是可行的。

4.过定位

过定位或称重复定位，即工件的一个或几个自由度被重复限制。这种情形最典型的例子就是加工连杆孔的定位方案。若长销与平面之间没有垂直度误差，连杆小头孔与连杆端面之间也没有垂直度误差，则过定位不会产生不良后果。但实际上，夹具和工件没有误差是不可能的。因此，过定位就有可能使连杆端面与平面点接触，当施加夹紧力 N 后：若长销刚性好，则将使连杆产生弯曲变形；若长销刚性不足，则将弯曲而使夹具损坏。

在实际生产中，对重复定位问题也应具体分析，当定位基准面、定位元件本身精度较高，定位基准面间、定位元件间位置精度较高时，重复定位有利于增加工件定位稳定性和定位支承刚度。特别对于某些薄壁件、细长杆件或定位基准是大平面的工件等，过定位有利于防止切削力造成的变形，提高定位稳定性，保证加工质量。但过定位对夹具的精度提出了更高的要求。

（三）典型的定位方式及定位元件

1.常用定位元件及其所能限制的自由度数

常见的定位元件有支承钉、支承板、圆柱销、圆锥销、芯轴、V 形块、定位套、顶尖和锥度芯轴等。

必须注意的是，定位元件所限制的自由度与其长短、大小、数量及组合有关。

（1）长短关系

短圆销限制 2 个自由度，长圆销限制 4 个自由度；短 V 形块限制 2 个自由度，长 V 形块限制 4 个自由度。

（2）大小关系

一个矩形支承板限制 3 个自由度，一个条形支承板限制 2 个自由度，一个支承钉限制 1 个自由度。

（3）数量关系

一个短 V 形块限制 2 个自由度，两个短 V 形块限制 4 个自由度。

（4）组合关系

一个条形支承板限制 2 个自由度，两个条形支承板相当于一个矩形支承板，故限制 3 个自由度。

2.平面定位

平面定位的主要形式是支承定位。夹具上常用的支承元件有以下几种：

（1）固定支承

固定支承有支承钉和支承板两种形式。图 3-29 所示为不同类型的支承钉。支承钉有平头（A 型）、圆头（B 型）和花头（C 型）之分。平头支承钉主要用于支承工件上已加工过的定位基面，可减少磨损，避免定位面压坏。圆头支承钉容易保证与工件定位基准面间的点接触，位置相对稳定，但因接触面积小，易磨损，多用于粗基准定位。花头支承钉表面有齿纹，摩擦力大，能防止工件受力后滑动，但容易存屑，故通常用于侧面粗定位。支承钉的尾柄与夹具体上的基体孔可用过盈配合，多选用 H7/n6 或 H7/m6。

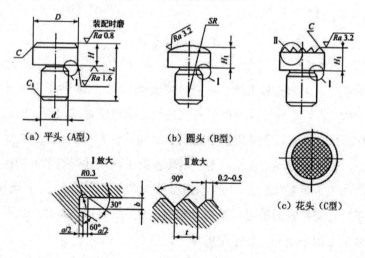

图 3-29　支承钉（mm）

通常，一个支承钉形成 1 个点定位副，限制 1 个自由度；两个支承钉组合形成直线定位副，限制 2 个自由度；三个支承钉组合形成平面定位副，限制 3 个自由度。

图 3-30 所示的支承板有 A 型和 B 型之分。在图 3-30 中，A 型支承板结构简单，但切屑易于落入沉头螺钉头部与沉头孔配合处，不易清除，用于侧面或

顶面定位较合适。B 型支承板的工作面上开有斜槽，紧固螺钉沉头孔位于斜槽内。由于支承板定位工作面高于紧固螺钉沉头孔，易保持工作面清洁，用于底面定位较合适，特别是在以推拉方式装卸工件的夹具和自动线夹具上应用较多，切屑在工件移动时进入斜槽中。支承板常用于大、中型零件的精准定位。一块支承板定位时，形成线定位副，限制 2 个自由度。两块支承板与精基准面接触时形成平面定位副，限制 3 个自由度。

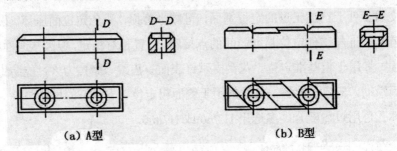

图 3-30　支承板

（2）可调支承

支承点位置可调整的支承，称为可调支承。图 3-31 所示为几种常见的可调支承结构，它们都通过螺旋调节方式实现支承点位置的改变。在工件形状及尺寸变化较大，而又以粗基准定位的场合（如铸件），多采用这类支承。在这种情况下，若仍采用固定支承，则会出现各批毛坯尺寸差别很大的情况，使后续工序的加工余量变化较大，甚至造成某些方向加工余量不足，影响加工质量。可调支承广泛应用在通过可调整夹具和成组夹具，以适应系列产品不同尺寸工件定位或加工组中不同工件定位的场合。

可调支承的调整一般在一批工件加工前进行，调整适当后须通过锁紧螺母锁紧，以防止在夹具使用过程中定位支承螺钉松动而使其支承点位置发生变化。在同批工件加工中一般不再做调整，因此可调支承在使用时的作用与固定支承相同。

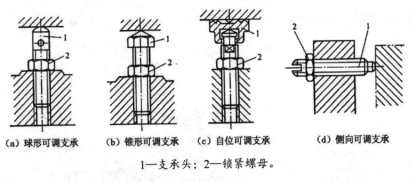

（a）球形可调支承　　（b）锥形可调支承　　（c）自位可调支承　　（d）侧向可调支承

1—支承头；2—锁紧螺母。

图 3-31　几种常见的可调支承结构

（3）自位支承

自位支承是指支承的位置自动适应定位基准面位置变化的一类支承。图 3-32（a）、（b）所示为两点式自位支承，图 3-32（c）所示为三点式自位支承。当工件的定位基面不连续，或为台阶面，或基面有角度误差时，为使两个或多个支承的组合只限制 1 个自由度，避免过定位，常采用自位支承，这样可以提高工件的装夹刚度和稳定性，但其作用相当于一个固定支承，只限制工件的 1 个自由度。

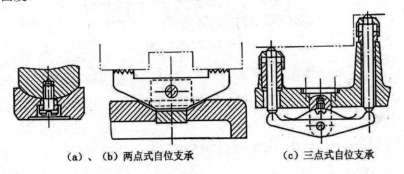

（a）、（b）两点式自位支承　　　　　（c）三点式自位支承

图 3-32　自位支承

（4）辅助支承

在工件定位时只起到提高工件支承刚度和定位稳定性作用的支承，称为辅助支承。图 3-33（a）所示为螺旋式辅助支承，图 3-33（b）所示为自引式辅助支承，图 3-33（c）所示为推引式辅助支承。辅助支承的有些结构与可调支承

171

类同，但其作用和调节操作不同：可调支承起定位作用，先调整再定位，最后夹紧工件；辅助支承则是先定位，再夹紧工件，最后进行调整。

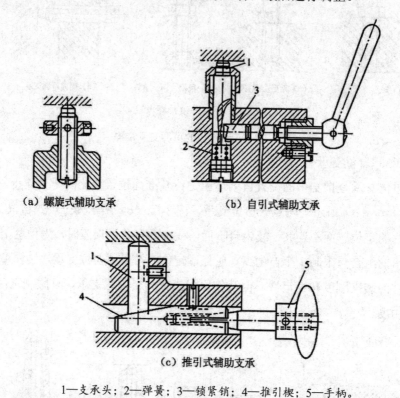

（a）螺旋式辅助支承　　　　（b）自引式辅助支承

（c）推引式辅助支承

1—支承头；2—弹簧；3—锁紧销；4—推引楔；5—手柄。

图 3-33　辅助支承

3.圆柱孔定位

工件以圆柱孔定位时，夹具上常用的定位元件是定位销和芯轴。

（1）定位销

图 3-34 所示为标准化的定位销结构。图 3-34（a）、（b）、（c）为固定式定位销，图 3-34（d）为可换式定位销，均为圆柱销。工作部分的直径一般根据工件的加工要求和安装方法，按基孔制 g5、g6、f6、f7 精度等级制造。图3-34（a）中销的工作部分直径较小，为增加刚度，通常把根部倒成圆角 R，在夹具体上应有沉孔，使定位销圆角部分沉入孔内而不影响定位。大批大量生产

时，为了便于更换，则设计成带衬套的结构，即成为图 3-34（d）所示的可换定位销。在这种结构中，衬套内孔与定位销为间隙配合，其定位精度比固定式低。为了便于工件装入，定位销的头部做成 15°倒角。短圆柱定位销只能限制端面上 2 个自由度；长圆柱销可看成两个短销和工件基准孔的接触定位，能限制工件的 2 个移动和 2 个转动自由度。

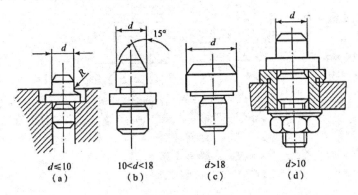

图 3-34 圆柱定位销

圆柱定位销中还有一种削边销结构，如图 3-35 所示。最常用的是图 3-35（b）所示的菱形销。削边销是为了补偿工件的定位基准与夹具定位元件之间的实际尺寸误差，消除过定位而采用的。这样削边短销只能限制 1 个自由度，削边长销只能限制 2 个自由度。

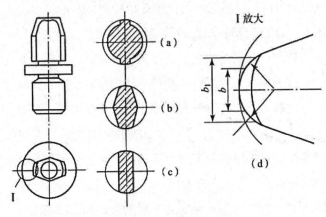

图 3-35 削边销结构

在生产上有时为了限制工件的轴向自由度，也可采用圆锥销。如图 3-36 所示，锥面和基准孔的棱边形成理想的线接触，它除了限制 X 和 Y 方向的移动自由度，还限制绕 Z 轴的转动自由度，共限制 3 个自由度。

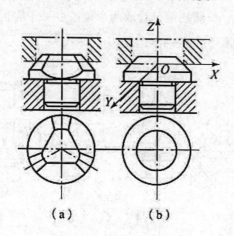

图 3-36　圆锥定位销

（2）芯轴

芯轴主要用于套筒类或盘类零件以内孔定位或内孔与端面组合定位。常见的芯轴有以下几种：

①锥度芯轴。这类芯轴的外圆表面有 1：（1 000～5 000）锥度，定心精度高达 0.005～0.010 mm，当然工件的定位孔也应有较高的精度。工件安装时，将工件轻轻压入，通过孔和芯轴表面的接触变形夹紧工件。

锥度芯轴的轴向位移误差较大，工件易倾斜，定位时靠工件孔与芯轴的局部弹性变形产生过盈配合夹紧工件，能传递的力矩较小，装卸工件不方便，且不能加工端面，一般用于工件定位孔精度不低于 IT7 的精车和磨削加工。

②刚性芯轴。在成批生产中，为了克服锥度芯轴定位不准确的缺点，可采用刚性芯轴。刚性芯轴采用间隙配合，图 3-37（a）所示芯轴的定位基准面一般按 h6、g6 或 f7 加工，装卸工件方便，但定心精度不高。圆柱芯轴也可采用过盈配合，图 3-37（b）、（c）所示为其结构。它由引导部分 1、工作部分 2

以及传动部分 3 组成。引导部分的作用是使工件迅速而又准确地套入芯轴,其直径的基本尺寸为工件孔的最小极限尺寸,其长度约为基准孔长度的一半;工作部分的直径按 r6 制造,其基本尺寸等于孔的最大极限尺寸。当工件孔的长径比 $L/D>1$ 时,芯轴的工作部分应稍有锥度,这时大端直径仍按 r6 制造,其基本尺寸等于孔的最大极限尺寸,而小端直径则按 h6 制造,其基本尺寸等于孔的最小极限尺寸。这种芯轴制造简单,定心准确,不用另设夹紧装置,但装卸工件不方便,易损伤工件定位孔,因此多用于定心精度要求高的精加工场合。

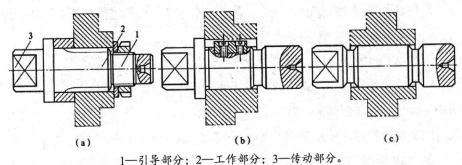

1—引导部分;2—工作部分;3—传动部分。

图 3-37 刚性芯轴

除上述芯轴外,用于定位的芯轴还有弹性芯轴、液塑芯轴、定心芯轴等,它们在完成定位的同时完成工件的夹紧,使用很方便,结构却比较复杂。

4.外圆柱面定位

工件以外圆柱面定位时,夹具上常用的定位元件是定位套和 V 形块。

(1)定位套

工件以圆柱外表面在定位套中定位,与以圆孔为基准面在芯轴上定位相类似。为了限制工件沿轴向的自由度,定位套常与端面组合定位,如图 3-38 所示。当工件的定位端面较大时,应采用短定位套,以免造成过定位。一个短定位套限制 X 和 Z 方向 2 个移动自由度,两个短定位套或一个长定位套限制 2 个移动和 2 个转动自由度。

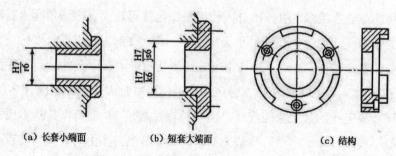

（a）长套小端面　　　　　　（b）短套大端面　　　　　　（c）结构

图 3-38　定位套

定位套孔口有 15°～30°的倒角，便于工件装入，定位套结构简单、制造容易，但定心精度不高，只用于粗定位基面。

（2）V 形块

V 形块是外圆柱面最常用的定位元件。无论定位面是否经过加工，是完整的圆柱面还是局部圆弧面，都可采用 V 形块定位。它的优点是对中性好（工件的定位基准轴线始终处在 V 形块两斜面的对称面上），并且安装方便。

图 3-39 所示为常用 V 形块结构。图 3-39（a）所示 V 形块用于较短的精定位基面；图 3-39（b）所示 V 形块用于较长的粗基准（或台阶轴）定位；图 3-39（c）所示 V 形块用于较长的精准定位；图 3-39（d）所示 V 形块用于工件较长且定位基面直径较大的场合，此时 V 形块通常做成镶嵌件，在铸铁底座上镶装淬硬钢垫或硬质合金板。通常将短 V 形块看作 2 点定位副，限制 X 和 Z 方向的 2 个移动自由度，长 V 形块则是 4 点定位副，限制 4 个自由度，即 X 和 Z 方向的 2 个移动自由度、2 个转动自由度。

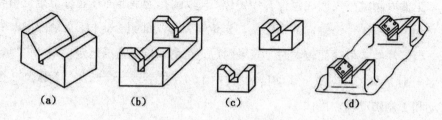

（a）　　　　　　（b）　　　　　　（c）　　　　　　（d）

图 3-39　V 形块结构

V 形块两斜面的夹角 α 一般选用 60°、90°和 120°，其中 90°应用最广，且典型结构和尺寸已标准化。V 形块标准结构如图 3-40 所示。斜面夹角越小，定位精度越高；斜面夹角越大，稳定性越好。

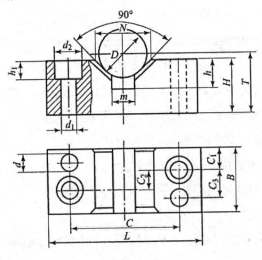

图 3-40　V 形块标准结构

V 形块有固定式和活动式之分。固定式一般用 2～4 个螺钉和 2 个定位销与夹具体装配成一体。定位销孔与夹具体配钻铰，然后打入定位销。活动式 V 形块的应用如图 3-41 所示。图 3-41（a）所示为加工连杆孔的定位方式，左边的固定块限制工件 2 个自由度，右边的活动块限制 1 个转动自由度，同时还兼有夹紧作用。图 3-41（b）所示为活动式 V 形块限制工件 1 个 Y 方向移动自由度的示意图。

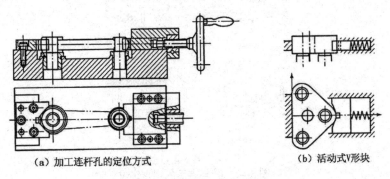

（a）加工连杆孔的定位方式　　　　　　（b）活动式 V 形块

图 3-41　活动式 V 形块的应用

5.组合表面定位

在实际生产中经常遇到的不一定是单一表面定位,而是几个表面的组合定位。这时,按限制自由度的多少来区分每一个定位面的性能,限制自由度数最多的定位面称为第一定位基准面或主要基准,限制自由度数次之的称为第二定位基准面或导向基准,限制 1 个自由度的称为第三定位基准面或定程基准。

常见的定位表面组合有平面与平面的组合、平面与孔的组合、平面与外圆表面的组合、平面与其他表面的组合、锥面与锥面的组合等。下面介绍常用的孔与端面的组合定位及一面两孔的组合定位。

（1）孔与端面的组合定位

图 3-42 所示的轴套类零件,采用内孔及一个端面的组合定位。其中,图 3-42（a）所示为过定位,应尽量避免。

当本工序首先要求保证加工表面与端面的位置精度时,则以端面为第一定位基准。在图 3-42（b）中,以轴肩支承工件端面,以短圆柱对孔定位,避免了过定位。

当本工序首先要求保证加工表面与内孔的位置精度时,则以孔中心线为第一定位基准。在图 3-42（c）、（d）中,孔用长圆柱定位,工件端面以小台肩面支承或用球面自位支承,以避免过定位。

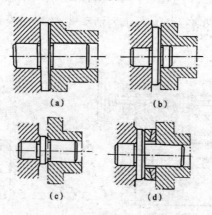

（a）　　　　　　　　（b）

（c）　　　　　　　　（d）

图 3-42　孔与端面的组合定位

（2）一面两孔的组合定位

在加工箱体、杠杆、盖板等零件时，常采用一面两孔定位，这样既易于做到工艺过程中的基准统一，保证工件的位置精度，又有利于夹具的设计与制造。工件的定位平面一般是加工过的精基准面；两孔可以是工件结构上原有的，也可以是因定位需要而专门设置的工艺孔。采用一面两孔定位时，相应的定位元件是一面两销，其中平面定位可按前述的支承定位，两定位销可以有以下两种：

①两个圆柱销，即采用两个短圆柱销与两孔配合，如图3-43（a）所示。这种定位是过定位，沿连心线方向的自由度被重复限制了。过定位的结果是，由于工件上两孔中心距的误差和夹具上两销中心距的误差，可能有部分工件不能顺利装入。为解决这一问题，可以缩小一个定位销的直径。但这种方法虽然能够实现工件的顺利装卸，却又增大了工件的转角误差，因此只能用于加工精度要求不高的场合，使用较少。

②一个圆柱销和一个菱形销，如图3-43（b）所示。采用菱形销，不缩小定位销的直径，也能起到相当于在连心线方向上缩小定位销直径的作用，使中心距误差得到补偿。在连心线的方向上，销的直径并未减小，所以工件的转角误差没有增大，保证了定位精度。采用一个平面、一个圆柱销和一个菱形销定位，依次限制了工件的3个、2个和1个自由度，实现完全定位，避免了用两个圆柱销的过定位缺陷。它是采用一面两孔定位时最常用的定位方式。

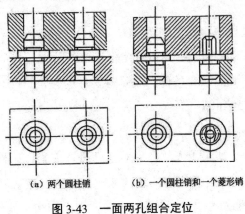

(a) 两个圆柱销　　　　(b) 一个圆柱销和一个菱形销

图3-43　一面两孔组合定位

在设计夹具时，一面两销定位的设计按下述步骤进行，如图 3-44 所示。一般已知条件为工件上两圆柱孔的尺寸和中心距，即 D_1，D_2，L_g 及其公差。先确定夹具中两定位销的中心距，再确定圆柱销直径及其公差，最后确定菱形销的直径、宽度及公差。

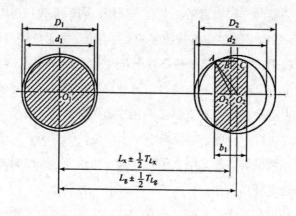

图 3-44　一面两销定位

三、夹紧装置设计

（一）夹紧装置的组成及设计原则

工件在加工过程中，要受到切削力、重力、惯性力等外力的作用和影响，其位置时时存在变动的可能，定位只是保证工件位置正确的充分条件，夹紧则是保证工件位置正确的必要条件。夹具对工件的夹紧是靠夹紧装置实现的。

1.夹紧装置的组成

夹紧装置的结构形式是多种多样的，但根据力源不同，可分为手动夹紧装置和机动夹紧装置。如果用人的体力对工件进行夹紧，则称为手动夹紧装置。如果用气压、液压、电力及机床的运动来对工件进行夹紧，则称为机动夹紧装置。夹紧装置一般由人力或动力装置、中间传力机构和夹紧元件三个部分组成。

①动力装置通常指机动夹紧装置中的动力源，常用的有气压、液压、电力等动力装置。手动夹紧没有动力装置。

②中间传力机构是将原动力传递给夹紧元件的机构，一般起改变夹紧力的大小、方向及保证自锁的作用。

③夹紧元件是直接与工件接触的元件，是夹紧装置的最终执行元件。

在一些简单的手动夹紧装置中，夹紧元件与中间传力机构常常是很难截然分开的，因此常将二者统称为夹紧机构。

2.夹紧装置的设计原则

在夹紧工件的过程中，夹紧作用的效果会直接影响工件的加工精度、表面粗糙度及生产效率，因此设计夹紧装置应遵循以下原则：

（1）工件不移动原则

在夹紧过程中，应不改变工件定位后所占据的正确位置。

（2）工件不变形原则

夹紧力的大小要适当，既要保证夹紧可靠，又应使工件在夹紧力的作用下，不产生加工精度所不允许的变形。

（3）工件不振动原则

对刚性较差的工件，或者进行断续切削，以及不宜采用气缸直接压紧的情况，应提高支承元件和夹紧元件的刚性，并使夹紧部位靠近加工表面，以避免工件和夹紧系统产生振动。

（4）安全可靠原则

夹紧传力机构应有足够的夹紧行程。手动夹紧要有自锁性能，以保证夹紧可靠。机动夹紧机构应有联锁保护装置。

（5）经济实用原则

夹紧装置的自动化和复杂程度应与生产纲领相适应，在保证生产效率的前提下，其结构应力求简单，便于制造、操作、维修，工艺性能和使用性能好。

（二）夹紧力的三要素分析

夹紧力同样有大小、方向、作用点三要素，下面结合生产实际，分别对其进行分析。

1.夹紧力大小的估算

在进行夹紧设计时，正确估算切削力的大小及方向是确定夹紧力的主要依据。切削力的大小可在有关的书籍和手册中查找计算公式，至于切削力的方向，在设计夹具时应尽量使之指向定位支承，这样可以减小所需要的夹紧力。

夹紧力的大小可根据切削力和工件重力的大小、方向及相互位置关系进行计算。为了安全起见，计算出夹紧力后应再乘以安全系数 K。当用于粗加工时，$K=2.5\sim3$；当用于精加工时，$K=1.5\sim2$。因此，实际夹紧力一般比理论计算值大 $2\sim3$ 倍。

进行夹紧力计算时，通常将夹具和工件看作一个刚性系统，以简化计算。工件在切削力、夹紧力、重力、惯性力作用下处于静力平衡，列出静力平衡方程式，即可算出理论夹紧力。

一般来说，手动夹紧不必计算出夹紧力的确切值，只有机动夹紧时才进行夹紧力的计算，以便决定动力部件的尺寸。

2.夹紧力方向的选择

夹紧力的方向直接影响定位精度和夹紧力的大小。如果夹紧力的方向不正确，则可能产生南辕北辙的结果。因此，夹紧力方向的选择应遵循以下原则：

①夹紧力不得破坏工件定位的准确性，保证夹紧的可靠性。在一般情况下，主夹紧力方向应垂直朝向第一定位基准，把工件夹紧在第一定位表面上。如图 3-45 所示的夹具，用于对直角支座零件进行镗孔，要求孔与端面 A 垂直，因此应选 A 面为第一定位基准，夹紧力应垂直压向 A 面。若采用夹紧力压向底面，由于工件底面与 B 面的垂直度误差，则镗孔只能保证孔与底面 B 的平行度，而不能保证孔与 A 面的垂直度。

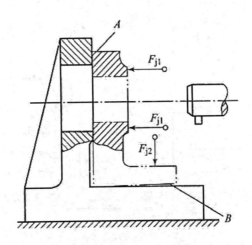

图 3-45 夹紧力的方向选择

②夹紧力的方向应与工件刚度高的方向一致，以利于减小工件的变形。薄壁套筒的夹紧如图 3-46 所示。图 3-46（a）所示采用三爪自定心卡盘夹紧，易引起工件的夹紧变形。若镗孔，则内孔加工后将有三棱圆形圆度误差。图 3-46（b）所示为改进后的夹紧方式，采用端面夹紧，可避免上述圆度误差。如果工件定心外圆和夹具定心孔之间有间隙，就会产生定心误差。

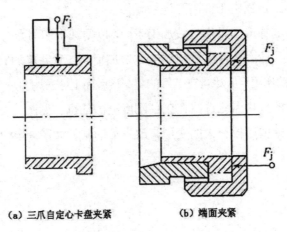

（a）三爪自定心卡盘夹紧   （b）端面夹紧

图 3-46 薄壁套筒的夹紧

③夹紧力的方向应尽可能与切削力、重力方向一致，有利于减小夹紧力。

如图 3-47（a）所示，夹紧力和切削力同向，是合理的；如图 3-47（b）所示，夹紧力和切削力反向，是不合理的。

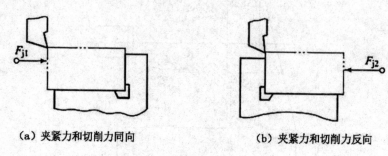

（a）夹紧力和切削力同向　　　　　（b）夹紧力和切削力反向

图 3-47　夹紧力和切削力的方向

3.夹紧力作用点的选择

夹紧力作用点的选定是达到最佳夹紧状态的首要因素。只有正确地选择夹紧力作用点，才能估算出所需要的适当夹紧力。如果夹紧力作用点选择不当，就会增大夹紧变形，甚至不能夹紧工件。夹紧力作用点选择的一般原则如下：

①尽可能使夹紧点和支承点对应，使夹紧力作用在支承上，这样会减小夹紧变形。凡有定位支承的地方，对应之处都应选择为夹紧点并施以适当的夹紧力，以免在加工过程中工件离开定位元件。

②夹紧点选择应尽量靠近被加工表面，以便减小切削力对工件造成的反转力矩。必要时，应在工件刚性差的部位增加辅助支承并施加夹紧力。

③夹紧力的作用点应尽量在工件的整个接触面上分布均匀，以减小夹紧变形。

④夹紧力的作用点应选择在工件刚度高的部位。如图 3-48（a）所示的情况可造成工件薄壁底板较大的变形，改进后的结构如图 3-48（b）所示。

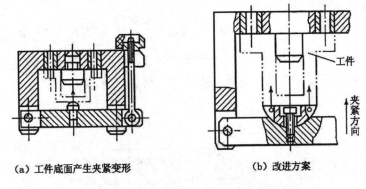

（a）工件底面产生夹紧变形　　　　　（b）改进方案

图 3-48　夹紧力的作用点与工件变形

（三）基本夹紧机构设计

夹具的夹紧机构很多，其中最基本的夹紧机构按机械原理分为斜楔夹紧机构、螺旋夹紧机构和偏心夹紧机构。

1.斜楔夹紧机构

大多数夹紧机构是利用机械摩擦的斜面自锁原理来夹紧工件的，最基本的形式就是直接利用有斜面的楔块。图 3-49 所示为简单钻孔夹具的夹紧装置。

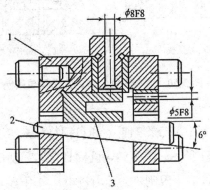

1—夹具体；2—斜楔；3—工件。

图 3-49　简单钻孔夹具的夹紧装置

185

2.螺旋夹紧机构

螺旋夹紧机构是斜楔夹紧机构的一种转化形式，螺旋相当于绕在圆柱上的楔块，只不过是通过转动螺旋，使绕在圆柱上的楔块高度变化，达到夹紧工件的目的。图 3-50 所示为螺旋夹紧机构的几个简单示例。

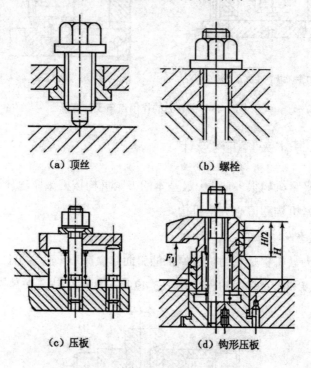

（a）顶丝　　　　　　　　　（b）螺栓

（c）压板　　　　　　　　　（d）钩形压板

图 3-50　螺旋夹紧机构的几个简单示例

3.偏心夹紧机构

偏心夹紧机构是利用偏心轮的扩力和自锁特征来实现夹紧作用的，常与压板联合使用，如图 3-51 所示。偏心夹紧机构具有夹紧动作迅速、操作方便的特点，但其夹紧行程受偏心距限制，夹紧力较小，多用于振动很小和所需夹紧力不大的场合，在小型工件的夹具中较常见。

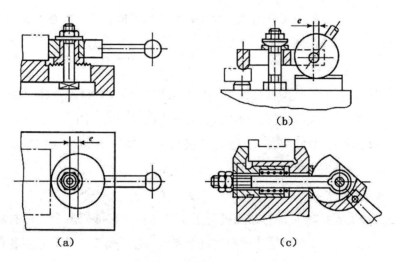

图 3-51 简单偏心夹紧机构

（四）其他夹紧机构

1.定心夹紧机构

定心夹紧机构又称自动对中机构，它把定位和夹紧合为一体，定位元件也是夹紧元件，在对工件定位的过程中同时完成夹紧任务。这种夹紧机构呈几何形状对称，对于以对称轴线、对称中心或对称面为工序基准的工件应用来说十分方便，且容易消除定位误差。如车床上的三爪自定心卡盘就是典型的例证。

定心夹紧机构的工作原理是各定位、夹紧元件做等速位移，同时实现对工件的定位和夹紧。根据位移量的大小和实现位移方法的不同，定心夹紧机构通常分成两类。

（1）定位夹紧元件做等速移动

这类机构又称刚性定心夹紧机构，等速移动范围较大，能适应不同定位面尺寸的工作，有较大的通用性。

（2）定位夹紧元件做均匀弹性变形实现微量的等速移动

这类机构依靠弹性元件的均匀变形实现微量的等速移动。根据所采用的弹性元件不同，这类机构又分为弹性筒夹定心夹紧机构、膜片定心卡盘、波纹套定心夹紧机构、碟形弹簧片定心夹紧机构和液性塑料定心夹紧机构等类型。

2.铰链夹紧机构

采用以铰链相连接的杠杆作中间传力元件的夹紧机构称为铰链夹紧机构。这类机构的特点是动作迅速、增力较大、易于改变力的作用方向，其缺点是一般不具备自锁性，故常用在气动及液压夹具中。此时，应在回路中增设保压装置，以确保夹紧安全可靠。

3.联动夹紧机构

在设计夹紧机构时，常常需要考虑工件的多处夹紧或多个工件的同时夹紧，甚至按一定的顺序夹紧。如果对每个夹紧部位或每个工件分别用各自的夹紧机构实施夹紧，则不但使夹紧机构庞大，制造成本惊人，夹紧操作麻烦，而且可能使夹紧工步不协调，产生较大的夹紧变形，影响加工精度，严重时可能使定位受到破坏，造成质量事故。这就要求夹紧力能适时协调，有规律地作用于各个施力点。联动夹紧机构很好地解决了这些问题，它具有操作方便、夹紧迅速、生产率高、劳动强度低等特点。

图 3-52 所示为多点联动夹紧机构，其工作原理是：球面带肩螺母 2 转动使右边压板向下接近工件，由于活节螺栓 1 与铰链板 5 相连接，当活节螺栓上移时，铰链板逆时针回转，拉动左边活节螺栓向下，于是左边转动压板随之向下接近工件。只有当左右两边转动压板各自接触工件之后，才产生夹紧力，达到左右同时夹紧。由此可知，若不采用联动夹紧方案，则任何一边先夹紧都会使工件发生移动，从而破坏定位。

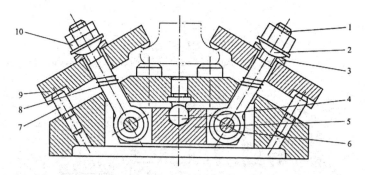

1—活节螺栓；2—球面带肩螺母；3—锥形垫圈；4—球头支承；5—铰链板；
6—圆柱销；7—球头支承钉；8—弹簧；9—转动压板；10—六角扁螺母。

图 3-52 多点联动夹紧机构

图 3-53 所示为多向联动夹紧机构，其工作过程为：旋紧螺母 5 时，铰链压板 1 向下夹紧工件，双向压板 3 把力分为两个方向，分别从顶面和侧面同时夹紧工件。图中的摆动压板 2 和 4 实现两点同时夹紧。

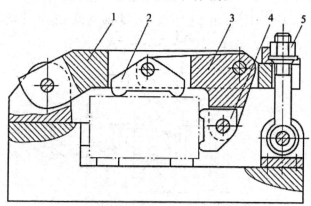

1—铰链压板；2，4—摆动压板；3—双向压板；5—螺母。

图 3-53 多向联动夹紧机构

图 3-54 所示为多件联动夹紧机构。夹紧螺钉 5 通过压块压装在矩形导轨上的压块 3 上，压块 3 在实施夹紧工件的同时，又向左推动左面的定位夹紧块 2，依此类推，直到把最后一个工件夹紧在 V 形定位块 1 上为止。支板 4 可绕销轴 6 打开，实现快卸。

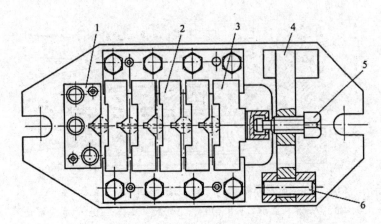

1—V形定位块；2—定位夹紧块；3—压块；4—支板；5—夹紧螺钉；6—销轴。

图 3-54 多件联动夹紧机构

图 3-55 所示为夹紧与锁紧辅助支承联动夹紧机构。辅助支承 1 在工件定位过程中是浮动的，工件定位好后，先锁紧辅助支承，然后才夹紧工件。当顺时针转动螺母 3 时，迫使压板 2 向左移动，并带动锁紧销 4 也向左移动，实现夹紧工件与锁紧辅助支承联动。

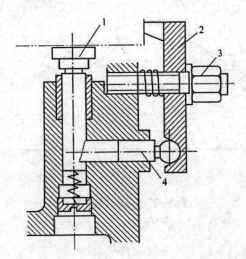

1—辅助支承；2—压板；3—螺母；4—锁紧销。

图 3-55 夹紧与锁紧辅助支承联动夹紧机构

图 3-56 所示为先定位后夹紧的联动夹紧机构，其动作顺序是：当活塞杆 2 右移时，螺钉 5 先脱离拨杆 6，弹簧 7 使推杆 8 升起，推动滑块 9 右移，使工件向右靠在定位块 12 上定位，活塞杆 2 继续右移，其上斜面接触滚子 4 推动推杆 3，通过压板 10 夹紧工件。

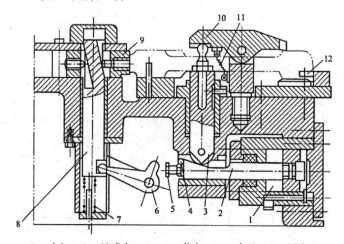

1—油缸；2—活塞杆；3，8—推杆；4—滚子；5—螺钉；

6—拨杆；7，11—弹簧；9—滑块；10—压板；12—定位块。

图 3-56　先定位后夹紧的联动夹紧机构

（五）夹紧装置的动力装置

在各种生产类型中，夹具广泛采用的是手动夹紧，手动夹紧装置结构简单，成本低。但手动夹紧动作慢，劳动强度大，夹紧力变动大。

在大批大量生产中往往采用机动夹紧，如气动、液压、气液联合驱动、电磁、电动及真空夹紧等。机动夹紧可以克服手动夹紧的缺点，提高生产率，还有利于实现自动化，当然成本也会提高。此外，还有利用切削力、离心力等夹紧工件的自夹紧装置，它们节省了动力装置，操作迅速。

1.气动夹紧装置

气动夹紧装置采用压缩空气作为夹紧装置的动力源，压缩空气一般由工厂的压缩空气站供应。压缩空气具有黏度小、无污染、传送分配方便的优点。与液压夹紧相比，气动夹紧的优点是：动作迅速，反应快；工作压力低，传动结构简单，制造成本低；空气黏度小，在管路中的损失较少，便于集中供应和远距离输送；不污染环境，维护简单，使用起来安全、可靠、方便。气动夹紧的缺点是：空气的压缩性大，夹紧的刚度和稳定性较差；因工作压力低，故所需动力装置的结构尺寸大；排气时有较大的噪声。

典型的气动传动系统由气源、分水滤油器、调压阀、油雾器、单向阀、配气阀、调速阀、压力表、气缸、压力继电器等组成。

在气动传动系统中，各组成元件的结构和尺寸都已标准化、系列化和规格化，可查阅有关手册进行选用。气缸是重要的执行部件，直线运动气缸通常有活塞式和薄膜式两种，以活塞式最常用。

2.液压夹紧装置

液压夹紧装置的工作原理和结构基本上与气动夹紧装置相似，它与气动夹紧装置相比有下列优点：

①压力油工作压强可达 6 MPa，因此液压缸尺寸小，不需增力机构，夹紧装置紧凑。

②压力油具有不可压缩性，因此夹紧装置刚度大，工作平稳可靠。

③噪声小。

液压夹紧装置的缺点是需要一套供油装置，成本相对高一些，因而适用于具有液压传动系统的机床和切削力较大的场合。由于采用液压夹紧需要设置专门的液压系统，因此在没有液压系统的单台机床上一般不宜采用液压夹紧。

3.气液联合夹紧装置

气液联合夹紧装置是利用压缩空气作为动力、油液作为传动介质，兼有气动和液压夹紧装置的优点。图 3-57 所示的气液增压器就是将压缩空气的动力转换成较高的液体压力，供应夹具的夹紧油缸。

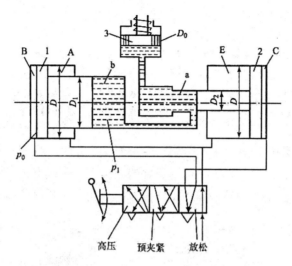

1, 2, 3—活塞；a, b—油室；A, B, C, E—气室。

图 3-57　气液增压器

气液增压器的工作原理如下：当三位五通阀由手柄打到预夹紧位置时，压缩空气进入左气室 B，活塞 1 右移。将 b 油室的油经 a 油室压至夹紧油缸下端，推动活塞 3 来预夹紧工件。由于 D 和 D_1 相差不大，因此压力油的压强 p_1 仅稍大于压缩空气压强 p_0。但由于 D_1 比 D_0 大，因此左气缸会将 b 油室的油大量压入夹紧油缸，实现快速预夹紧。此后，将手柄打到高压夹紧位置，压缩空气进入右气缸 C 室，推动活塞 2 左移，a 和 b 两油室隔断。由于 D 远大于 D_2，使 a 油室中压力增大许多，推动活塞 3 加大夹紧力，实现高压夹紧。当把手柄打到放松位置时，压缩空气进入左气缸的 A 室和右气缸的 E 室，活塞 1 左移而活塞 2 右移，a 和 b 两油室连通，a 油室油压降低，夹紧油缸的活塞 3 在弹簧的作用下下落复位，放松工件。

4.其他夹紧装置

（1）真空夹紧装置

真空夹紧装置是利用工件上基准面与夹具上定位面间的封闭空腔抽取真空后来吸紧工件的装置，也就是利用工件外表面上受到的大气压强来压紧工件的装置。真空夹紧装置特别适用于铜及其合金、塑料等非导磁材料制成的薄板形工件或薄壳形工件。

（2）电磁夹紧装置

在生产中应用较多的是感应式电磁夹紧装置。它是由直流电流通过一组线圈产生磁场吸力夹紧工件的，常见的有平面磨床上的电磁吸盘、车床上的电磁卡盘等。电磁夹紧装置会使磁性材料工件有剩磁现象，加工后应注意退磁。另外，应有断电防护装置，防止突然停电造成工件飞出。图 3-58 所示为利用电磁夹紧装置的无心夹具结构，它可用工件的外圆表面（或内孔表面）定位磨削内孔（或外圆），也可用外圆表面定位磨削外圆本身。

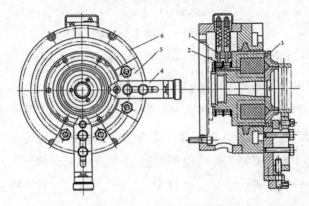

1—碳刷；2—滑环；3—线圈；4—固定支承；5—支承座；6—带圆环槽的盘体。

图 3-58　利用电磁夹紧装置的无心夹具结构

除了真空夹紧装置和电磁夹紧装置，还有通过重力、惯性、弹力等方式将工件夹紧的装置。

四、夹具的其他装置设计

除定位元件和夹紧机构是夹具的必有装置外，夹具在某些情况下，有时还需要一些其他装置才能满足使用要求，这些装置通常包括分度装置、对刀装置、导向装置、对定装置等。

（一）分度装置

在机械加工中，一种常见的加工要求是在工件的一次定位夹紧后完成数个工位加工。当使用通用机床加工时，往往在夹具上设置分度装置来满足这种加工要求。

工件在一次装夹中，每加工完一个表面之后，通过夹具上可动部分连同工件一起转过一定的角度或移动一定的距离，以改变加工表面的位置，实现上述分度要求的装置称为分度装置。

1.分度装置的分类及组成

分度装置按作用原理和结构不同，可分为机械式分度装置、机电式分度装置、机液式分度装置和机光式分度装置。在机械加工中，应用最多的是机械式分度装置，而机械式分度装置又分为回转分度装置和直线分度装置。

回转分度装置是指不必松开工件，而是通过回转一定的角度来完成多工位加工的分度装置。它主要用于加工有一定回转角度要求的孔系、槽或多面体等。

直线分度装置是指不必松开工件，而是能沿着直线移动一定的距离来完成多工位加工的分度装置。它主要用于加工有一定距离要求的平行孔系和槽等。

由于这两类分度装置在设计中考虑的问题基本相同，而且回转分度装置应用最多，所以下面只讨论回转分度装置的有关问题。

在回转分度装置中，实现分度的主要元件是分度盘和对定销。按照分度盘与对定销的相对位置，又可将回转分度装置分为轴向分度装置和径向分度装置，图 3-59 所示为轴销径向等分平面磨夹具，该夹具用于小型轴销类零件磨削四方或六方等小平面工序。工件以圆柱面定位，安装在弹簧夹头中，限制 4 个自由度。安装工件时，转动手轮 1，经螺栓 2 使弹簧夹头 5 左移，在锥面作用下实现自动定心夹紧。为了增加工件刚度，在右端设置辅助支承，其支承座 9 可以在底板 10 的 T 形槽中移动，以便进行必要的调整。当浮动支承 6 和工件靠上后，用螺钉 7 锁紧。分度盘 3 与导向套 4 同轴回转，并由对定销 8 完成对定分度。

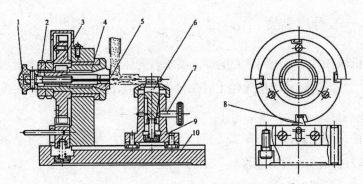

1—手轮；2—螺栓；3—分度盘；4—导向套；5—弹簧夹头；

6—浮动支承；7—螺钉；8—对定销；9—支承座；10—底板。

图 3-59　轴销径向等分平面磨夹具

图 3-60 所示为一轴瓦铣开夹具，带有轴向分度装置。工件装在分度盘 7 上，以工件端面为第一定位基准，以孔中心线为第二定位基准进行定位，用螺母 1 通过开口垫圈将工件夹紧。铣开瓦轴第一个开口后再铣第二个开口时，不需要卸下工件，而是松开螺母 5，拔出对定销 6 将分度盘 7（定位元件）连同夹紧的工件转过 180°，再将分度销插入分度盘 7 的另一个对定孔中，拧紧螺母 5，将转盘锁紧，再走刀一次即可铣出第二个开口。

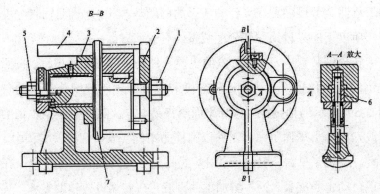

1，5—螺母；2—开口垫圈；3—对刀装置；

4—导向件；6—对定销；7—分度盘。

图 3-60　带轴向分度的轴瓦铣开夹具

从以上两例可以看出，分度装置主要由分度盘、对定销及操纵机构等组成。

2.分度对定结构设计

（1）分度盘设计

分度盘是满足预定分度要求的分度元件，在它上面有与对定销定位部分形状相适应的孔、槽或其他形式的表面。

①轴向孔式分度盘。图 3-61（a）所示为一种轴向分度形式，在其端面上分布着适应工件等分要求的小孔。为了提高其耐磨性，常在孔中装上淬硬的衬套，衬套的材料常用 T7A 或 T8A 等淬硬至 55～60 HRC，衬套的内外表面需要磨削加工，其同轴度允差不大于 0.005～0.010 mm。

②径向槽式分度盘。径向槽式分度盘有单斜面和双斜面两种，图 3-61（b）所示为单斜面槽，它由通过中心（也有偏离中心的）的直面和斜面组成，直面起着确定分度盘角向位置的定位作用，斜面可以消除分度槽与对定销间的配合间隙。这种分度盘结构简单，制造容易，使用方便，应用较广。图 3-61（c）所示为双斜面槽，它的角向位置靠对称的两个斜面共同确定，双斜面槽加工相对较困难。

③多边形分度盘。图 3-61（d）所示为一种径向分度形式，分度盘加工成多边形，用模块做对定销可以消除配合间隙，其精度较高，结构简单且制造容易，但受分度盘结构尺寸的限制，分度数目不能过多。

④滚柱式分度盘。图 3-61（e）中的滚柱式分度装置采用标准滚柱装配组合而成。它由一组经过精密研磨的、直径尺寸误差很小的滚柱，排列在盘体的经配磨加工的外圆圆周上，用环套（采用热套法装配）将滚柱紧箍住，形成一个精密分度盘，可利用其相邻滚柱外圆面间的凹面进行径向分度，也可利用相邻滚柱外圆与盘体 3 外圆形成的弧形三角形空间实现轴向分度。

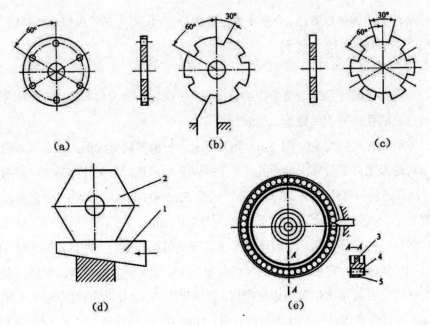

1—对定楔；2—分度盘；3—盘体；4—滚柱；5—环套。

图 3-61　分度形式示意图

（2）对定销设计

对定销是用来确定分度盘角向位置的重要元件，在分度装置上起对定作用，其形状应与分度盘上的分度孔、槽相适应。常见对定销结构如图 3-62 所示。

①圆柱对定销。图 3-62（a）所示的圆柱对定销由于无法补偿配合间隙，因此分度精度不高，但其结构简单，易于制造，大于配合间隙的切屑等污物被圆柱对定销插入时推移出去而不能落入其间，不会影响分度精度，因而应用较为广泛。

②带斜面的圆柱对定销。图 3-62（b）所示为带斜面的圆柱对定销，借助斜面的作用，圆柱面的一边总是靠在分度孔中相对应的一侧，使分度误差始终分布在斜面一边，所以对定精度较高。对定销斜角一般取 15°～18°。

③圆锥对定销。图 3-62（c）所示为采用分度盘圆柱孔镶配圆锥孔套的结构，不但便于磨损后更换，而且便于分度盘上分度孔的精确加工。圆锥形对定

销由于能补偿对定销与分度孔的配合间隙，因此分度精度较高；但使用时易受切削污物的影响而降低分度精度，故在选用时，在结构上要考虑屑尘的影响。

④球形对定销。图 3-62（d）、（e）所示的钢球与锥孔对定形式结构简单，且可借推动分度板使锥面自动顶出钢球，操作方便；但锥孔制造精度不高，并由于锥孔较浅，以致定位不太可靠，一般用于初分度，或者切削负荷较小、分度精度要求不高的场合。

⑤菱形对定销。图 3-62（f）所示的菱形结构缩小了孔、销的配合间隙，在同样条件下，比圆柱对定销分度精度高，制造也不困难，因此应用较多。

⑥斜面对定销。图 3-62（g）为双斜面对定销，图 3-62（h）为单斜面对定销。斜角一般取 15°～20°。但若有切屑等污物落入槽间，则会影响分度精度。对单斜面型来说，槽内直面边附着的切屑等污物会在对定销插入时被推开，落在斜面上的切屑污物也不影响定位精度。斜面对定销易消除配合间隙，结构简单，使用方便，仅用于分度数少于 8 的场合。

⑦齿叉对定销。如图 3-62（i）所示，该形式的对定销定位精度较高，但齿叉的加工均需精确磨削，加工要求较高，仅用于精密分度中。

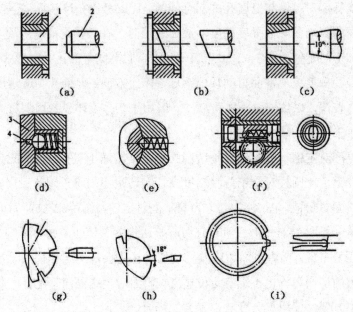

1—分度孔；2—对定销；3—带锥面分度板；4—球状对定销。

图 3-62　对定销结构

（3）分度盘的锁紧机构

当分度装置承受的工作负荷较小时，分度盘可以不用锁紧，但当工作负荷较大时，为了避免分度销受力变形，防止分度盘松动和振动，需要在分度后将分度盘锁紧。可以沿分度盘轴向、径向和切向锁紧，也可以在分度盘的外缘面用压板从几处压紧。

（二）对刀装置

对刀就是保证工件与刀具之间正确的几何位置关系。一般对刀方法有三种：第一种方法为单件试切法；第二种方法为每加工一批工件，安装调整一次夹具，而刀具相对工件定位面的正确位置是通过试切数个工件来对刀的；第三种方法用样件和对刀装置对刀。最后一种方法方便可靠，有利于提高生产率。

对刀装置的结构形式主要取决于被加工表面的位置和形状、夹具的类型和所采用的刀具。

对刀时，移动机床工作台，使刀具靠近对刀块，在刀齿切削刃与对刀块间塞进一个规定尺寸的塞尺，让切削刃轻轻靠紧塞尺，抽动塞尺感觉到有一定的摩擦力存在，通过这样确定刀具的最终位置，抽走塞尺，便可开动机床进行加工。

图 3-63 所示为几种用在铣、刨夹具上的常用对刀装置。图 3-63（a）所示为用于铣平面时的高度对刀块，图 3-63（b）所示为用于铣槽或加工阶梯表面时的直角对刀块，图 3-63（c）、（d）所示为根据工件被加工面形状和刀具结构而自行设计的成形对刀块。其中高度对刀块和直角对刀块已经标准化，设计对刀块时可以参照相关手册进行，对刀块通常和塞尺配合使用。

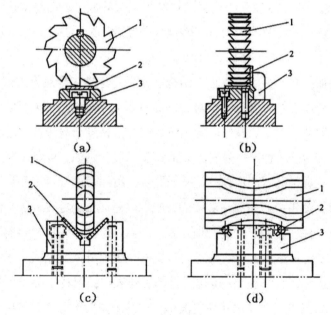

1—铣刀；2—对刀塞尺；3—对刀块。

图 3-63 常用对刀装置

图 3-64 所示为常用的两种塞尺。图 3-64（a）所示为平塞尺，按厚度不同，有 1 mm、2 mm、3 mm、4 mm、5 mm 共五种规格。图 3-64（b）所示为圆塞

尺，按直径不同，有 3 mm 和 5 mm 两种规格。这两种塞尺都按国家标准 h8 的公差制造。

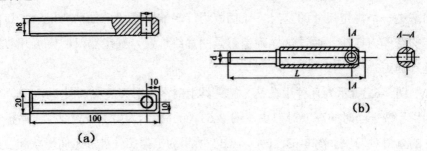

图 3-64 常用的两种塞尺（mm）

对刀块对刀表面的位置应以定位元件的定位表面来标注，以减小基准转换误差。该位置尺寸加上塞尺厚度就应该等于工件的加工表面与定位基准面间的尺寸，该位置尺寸的公差应为该工件尺寸公差的 1/5～1/3。对刀块和塞尺的材料均可选用 T8，淬硬至 55～60 HRC。

在批量加工中，为了简化夹具结构，常采用标准工件对刀或试切法对刀。第一件对刀后，后续工件就不再对刀，此时可以不设置对刀装置。

采用对刀装置对刀，操作方便迅速，但对刀精度一般较低。影响对刀精度的因素主要有两个方面：一是对刀时的调整精度。例如，用塞尺检测铣刀与对刀块之间的距离，会有测量误差。又如钻头，用钻套进行对刀和导引时，两者的配合间隙使钻头中心偏离钻套中心，产生误差。二是对刀装置工作表面相对夹具上定位元件间位置尺寸的制造误差。因此，在设计夹具时应根据本工序的加工要求，在夹具总图上标注其对刀装置的位置尺寸及其精度要求。在一般情况下，该位置尺寸是以夹具上定位元件的工作表面或对称中心作为基准来标注的，公差一般取相应工序尺寸公差的 1/5～1/3，并采用对称偏差标注。

（三）导向装置

用于确定刀具位置并引导刀具进行加工的装置，称为导向装置，如钻套和镗套。导向装置通常用在钻床和镗床上，兼有加强刀具刚度的作用。

1.钻套

钻套用来引导钻头、铰刀等孔加工刀具的导向。钻套的功能是确定钻头相对夹具定位元件间的位置和引导钻头，提高刀具的刚性，防止其在加工中发生偏移。

按钻套的使用和结构分类，钻套有固定钻套、可换钻套、快换钻套和特殊钻套四种。图 3-65 所示为前三种钻套的结构。

图 3-65（a）所示为固定钻套的两种结构形式（无肩和有肩）。固定钻套采用 H7/n6 配合压在钻模板孔内，一般磨损后不易更换，用于中小批生产中只钻一次的孔。对于要连续加工的孔，如钻、扩、铰的孔加工，则要采用可换钻套或快换钻套。

图 3-65（b）所示为可换钻套的结构。钻套 1 以间隙配合 H6/g5 或 H7/g6 装在衬套 2 中，衬套 2 以过盈配合 H7/n6 或 H7/r6 装在钻模板 3 中，钻套 1 的凸缘上有台肩，钻套螺钉的圆柱头盖在此台肩上，可防止钻套转动和上下窜动。当钻套磨损后，只要拧取螺钉，便可更换新的钻套。可换钻套适用于中小批生产中的单工步孔加工。

图 3-65（c）所示为快换钻套的结构。快换钻套与可换钻套的结构基本相似，只是在钻套头部多开一个圆弧状或直线状缺口，更换时不必拧出螺钉，只要将缺口转到对着螺钉的位置，就可迅速更换钻套。快换钻套适用于一道工序内要连续进行钻、扩、铰或攻螺纹的加工。

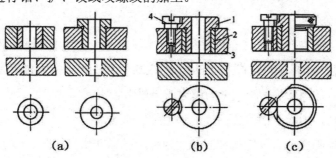

1—钻套；2—衬套；3—钻模板；4—螺钉。

图 3-65　固定钻套、可换钻套和快换钻套

上述钻套均已标准化，设计时可查夹具设计手册选用。

在一些特殊场合，需要自行设计特殊钻套。图 3-66 所示为几种特殊钻套。

图 3-66（a）、（b）所示钻套用于两孔间距较小的场合。图 3-66（c）所示是当工件钻孔表面距钻模板较远时用的加长钻套，钻套孔上部直径加大是为了减小导引孔的长度，以减少与刀具的摩擦。图 3-66（d）所示是用于斜面或圆弧面上钻孔的钻套，防止因切削力作用不对称使钻头引偏甚至折断钻头。

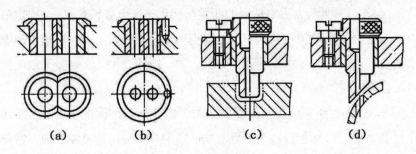

(a)   (b)   (c)   (d)

图 3-66　特殊钻套

设计钻套时，除考虑钻套结构外，还应注意钻套导向长度 H 和钻套底端与工件间的距离 h，通常按 $H=（1\sim2）d$ 选取，其中 d 为钻套的孔径。对于加工精度要求高的孔或工件孔很小，其钻头刚性差时，取大值；反之取小值。h 的大小影响排屑性能，过小则易造成排屑不畅，过大则影响钻套的导向作用，一般取 $h=（0.6\sim1.5）d$。工件为脆性材料（如铸铁）时，取小值；工件为钢类韧性材料时，取大值。

2.镗套

镗箱体孔系时，若孔系位置精度可由机床本身精度和精密坐标系统来保证，则夹具不需要导向装置，如在加工中心或带刚性主轴的组合机床上加工时。但是对于普通镗床、车床改造的镗床或一般组合机床，则需要设置镗套来引导并支承镗杆，由镗套的位置保证孔系的位置精度。

一般镗套主要有固定式和回转式两种，已标准化，如图 3-67 所示。

图 3-67 所示为固定式镗套，它固定在镗模的导向支架上而不随镗杆一起传动，镗套的中心位置精度高。由于镗杆在镗套内回转和轴向移动，镗套容易

磨损,故只适用于低速镗削。固定式镗套有 A 型和 B 型两种:A 型镗套无润滑装置;B 型镗套带有压配式油杯,内孔开有油槽,加工时可适当提高切削速度。固定式镗套外形尺寸小,用于镗杆速度低于 20 m/min 时的镗孔。

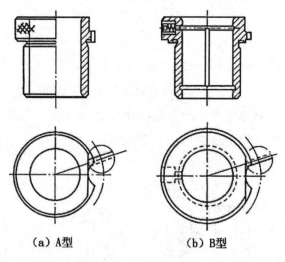

(a) A型　　　　　　(b) B型

图 3-67　固定式镗套

(四)对定装置

在进行夹具总体设计时,还要考虑夹具在机床上的定位、固定,这样才能保证夹具(含工件)相对于机床主轴(或刀具)、机床运动导轨有准确的位置和方向。夹具在机床上的定位有两种基本形式:一种是安装在机床工作台上,如铣床夹具、刨床夹具和镗床夹具;另一种是安装在机床主轴上,如车床夹具。

在铣床夹具中,夹具体底面是夹具的主要定位基准面,要求底面经过比较精密的加工,夹具的各定位元件相对于此底平面应有较高的位置精度要求。为了保证夹具具有相对切削运动的准确方向,夹具体底平面的对称中心线上开有定向键槽,并安装有两个定向键,夹具靠这两个定向键定位在工作台面中心线上的 T 形槽内。采用良好的配合,一般选为 H7/h6,再用 T 形槽螺钉固定夹具。由此可见,为了保证工件相对切削运动有准确的方向,夹具上的导向元件须与两定向键保持较高的位置精度，如平行度或垂直度。

车床夹具一般安装在主轴上，关键是要了解所选用车床主轴端部的结构。当切削力较小时，可选用莫氏锥柄式夹具形式，夹具安装在主轴的莫氏锥孔内，如图 3-68（a）所示。这种连接定位迅速方便，定位精度较高，但刚度较低，当夹具悬伸量较大时，应加尾座顶尖。图 3-68（b）所示为车床夹具以圆柱面 D 和端面 A 定位，由螺纹 M 连接，由压板 1 防松。这种方式制造方便，但定位精度低。图 3-68（c）所示为车床夹具以短锥面 K 和端面 T 定位，由螺钉固定。这种方式不但定心精度高，而且连接刚度也高，但是这种方式属过定位，对夹具体上的锥孔和端面制造精度要求高，一般要经过与主轴端部的配磨加工。

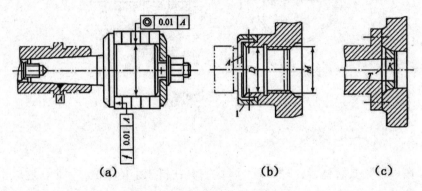

图 3-68　夹具在主轴上的安装

五、组合夹具

随着科学技术的进步和现代化生产的发展，产品的更新换代不断加快，竞争日趋激烈。为试制产品或批量不大的工件制作夹具，面临时间和成本的挑战。柔性制造系统的扩大应用，计算机集成制造系统的兴起，既对夹具的设计制造提出了新的要求，又为夹具的快速设计制造开辟了新的途径。作为柔性夹具的组合夹具既降低了生产成本，又缩短了夹具的制造周期，因而得到迅速发展和推广。

组合夹具是由各种不同形状、规格、用途的标准化元件和部件组成的夹具系统。使用时，按照工件的加工要求，可从中选择适用的元件和部件，以搭积木的方式组装成各种专用夹具。

（一）组合夹具的特点

组合夹具是在夹具元件高度标准化、通用化的基础上发展起来的一种可重复使用的夹具系统。

1.组合夹具的优点

组合夹具有下列优点：

①缩短生产准备周期。组合夹具的使用，可使生产准备周期缩短80%以上，数小时内就可完成夹具的设计装配，同时也减少了夹具制作人员的数量，这对缩短产品交货期和加快新产品上市有重要意义。

②降低成本。元件的重复使用，大大节省了夹具制造的工时和材料，从而降低了成本。

③保证产品质量。生产中常出现夹具设计制作不良造成零件加工后报废的情况，组合夹具有重新组装和局部可以调整的特点，零件加工出现问题后，可进行调整予以补救，这对保证产品质量有重要意义。

④扩大工艺装备应用和提高生产率。在小批生产中，由于专用夹具设计制造周期长、成本高，故应尽量少用。使用组合夹具，即使批量小也不会产生问题，因而可以多用组合夹具来提高生产率。

⑤促进夹具标准化，有利于进行计算机辅助设计。

2.组合夹具的缺点

组合夹具有下列缺点：

①组合夹具是由标准元件组装而成的，元件还需多次重复使用。除一些尺

寸可采用调节法保证外，其他精度都是靠各元件的精度组合来直接保证的，不允许进行修配或补充加工，因此要求元件的制造精度高以保证其互换性。由于还需耐磨，重要元件都采用 40Cr、20CrMnTi 等合金钢制造，渗碳淬火，并经精密磨削加工，制造费用高。

②组合夹具的各标准元件之间采用键定位和螺栓紧固的连接方式，其刚性不如整体结构好，尤其是连接处接合面间的接触是一个薄弱环节。组装时对提高夹具刚度的问题应予以足够重视。

③组合夹具各个标准元件的尺寸系列的级差是有限的，使组装成的夹具尺寸不能像专用夹具那样紧凑，体积较大而笨重。

这些缺陷并不影响组合夹具的发展和推广，相反，它们可以促使组合夹具和其他新技术进一步融合。

（二）组合夹具的分类和比较

1.组合夹具的分类

组合夹具按其结构形式分为槽系组合夹具和孔系组合夹具两大类。

（1）槽系组合夹具

槽系组合夹具就是指元件上制作有标准间距的相互平行及垂直的 T 形槽或键槽，通过定位键在槽中的定位，能准确决定各元件在夹具中的准确位置，元件之间再通过螺栓连接和紧固。槽系组合夹具又分为 16 mm、12 mm 和 8 mm 三种形式，也就是常说的大型、中型和小型组合夹具。

（2）孔系组合夹具

孔系组合夹具是指夹具元件之间的相互位置由孔和定位销来决定，而元件之间仍由螺纹连接紧固。

2.组合夹具的比较

早在 20 世纪 50 年代中期出现的孔系组合夹具很不完善，在相当长的时间内，组合夹具的应用还是槽系组合夹具占优势。随着数控机床和加工中心的普及，切削速度和进给量的普遍提高，加之孔系组合夹具的改进，减少了元件的品种和数量，降低了成本，从而使孔系组合夹具得到很大的发展，从 20 世纪 80 年代中后期开始，孔系组合夹具在生产中的使用超过了槽系组合夹具。

与槽系组合夹具相比较，孔系组合夹具有以下特点：

①元件刚度高，因而装配出的整体孔系组合夹具的刚度也高，从而能够满足数控机床需要高切削用量的要求，提高了数控机床加工的生产率。孔系组合夹具的刚度比槽系组合夹具高，是因为孔系组合夹具的基础件虽然厚度较同系列槽系组合夹具薄，上面又加了众多的孔，但仍为整体的板结构，故刚度高。而槽系组合夹具的基础件和支承件表面布满了纵横交接的 T 形槽，造成截面积的缩减和断层，严重削弱了结构的刚度。

②制造和材料成本低。因为孔系元件的加工工艺性好，精密孔的坐标磨削成本也高，但在采用粘接淬火衬套和孔距样板保证孔距后，工艺性能好，成本比 T 形槽的磨削降低。此外，槽系夹具元件为保证高强度性能都用合金钢的材料，而孔系夹具元件基本都用普通钢或优质铸钢，因而制造和材料成本大为降低。

③组装时间短。由于槽系组合夹具在装配过程中需要较多的测量和调整，而孔系组合夹具的装配大部分只要将元件之间的孔对准并用螺钉紧固，因而装配工作相对容易和简单，要求装配工人的熟练程度也比较低。

④定位可靠。孔系元件之间由一面双销定位，比槽系夹具中槽和键的配合在定位精度和可靠性方面都高；同时，任何一个定位孔均可方便地作为数控机床加工时的坐标原点。

⑤在孔系组合夹具上，元件位置不方便做无级调节，元件的品种数量不如槽系组合夹具多，从组装的灵活性来看，也不及槽系组合夹具好。因此，在当前世界制造业中，孔系组合夹具和槽系组合夹具并存，但孔系组合夹具更具有优势。有关槽系和孔系两种组合夹具的全面比较见表 3-1。

表 3-1 槽系和孔系组合夹具的全面比较

比较项目	槽系组合夹具	孔系组合夹具
夹具刚度	低	高
制造成本	高	低
组装时间	长	短
组装灵活性	好	差
要求装配技术	高	较低
元件品种	多	较少
合件化程度	低	较高
定位元件尺寸调整	方便，可无级	不方便，只能有级
在 NC 机床定坐标	不方便	方便

（三）组合夹具的元件

1.槽系组合夹具的元件

槽系组合夹具的元件最初是仿照专用夹具元件功能并考虑标准化的一些原则而设计的。虽然在各种商品化系统之间存在一些差别，但是元件的分类、结构和形状之间仍存在很多相似之处。槽系组合夹具元件通常可分为八类，即基础件、支承件、定位件、导向件、压紧件、紧固件、其他件和合件。

为便于组合并获得较高的组装精度，组合夹具元件本身的制造精度为 IT6～IT7 级，并要有很好的互换性和耐磨性。在一般情况下，组装成的夹具能加工 IT8 级精度的工件，如经过仔细调整，也可加工 IT6～IT7 级精度的工件。

各类元件的用途见表 3-2。

表 3-2 元件类别及用途

序号	类别	用途
1	基础件	用作夹具的地板
2	支承件	用作夹具的骨架
3	定位件	用于元件间的相互定位和正确安装

序号	类别	用途
4	导向件	用作孔加工工具的导向
5	压紧件	用于工件在夹具上的压紧
6	紧固件	用作紧固工件的元件
7	其他件	在夹具中起辅助作用的元件
8	合件	用于分度、导向、支承的组合件

2.孔系组合夹具的元件

当今，世界上生产组合夹具的主要国家是德国、英国、美国、中国和俄罗斯，不同的企业生产各有特色的孔系组合夹具系统。我国生产的孔系组合夹具主要有 CATIC 和 TJMCS 两个系统。每一个生产厂家对自己生产的孔系组合夹具元件都有自己的分类，但均有类似之处。以较早生产孔系组合夹具的德国和美国的 Blueo 系统为例，孔系组合夹具元件大体上可分成五类，即基础件、结构件、定位件、夹紧件和附件。

现对各类元件进行简要说明。

（1）基础件

基础件用作夹具的底板或夹具体，除传统的方形、长方形、圆形基础板和角铁外，增加了 T 形板、可倾斜工作台和方箱。

（2）结构件

结构件是在基础件上构造夹具的骨架，组成实际的夹具体，如小尺寸的长形或宽形角铁、各种多面支承等。

（3）定位件

定位件主要用作定位，有条形板、定位板、塔形柱、V 形块、各种垫板和过渡套等。

（4）夹紧件

夹紧件用于压紧工件，有各种压板和夹紧元件，既有垂直方向压紧的，也有水平方向压紧的，品种繁多。

（5）附件

附件包含螺钉、螺母、垫圈等各种紧固件、扳手，以及保护孔免遭切屑、灰尘落入的螺塞等。

和槽系组合夹具相同，孔系组合夹具中多数元件的功能也是模糊的，可以相互渗透，如结构件和夹紧件可以充作定位件，定位件也可用作结构件等，可以根据实际需要灵活运用。

（四）组合夹具的装配原则和过程

组合夹具由元件装配成夹具是一个既需要广泛的制造知识又高度依赖于经验和技巧的过程。

1.组合夹具的装配原则

组合夹具的装配一般遵循以下原则：

①在可能的条件下，采用最少的元件、最简单的夹具结构。

②选用截面积小的组合夹具元件，这些元件连接时压强大，装夹牢固。

③选用短的紧固螺栓，使夹具因螺栓受力伸长变形的影响减至最小，增强刚性。

④各元件间的定位连接尽可能采用 4 个定位键，并用十字排列的方式安装（必要时可采用偏心键来连接某些元件），从而减小元件间的位移，增强夹具体的刚性。

2.组合夹具的装配过程

组合夹具的装配过程一般如下：

（1）熟悉有关资料

这是装配组合夹具的基础工作，是准备阶段，其目的在于明确装配要求和技术条件。有关资料包括以下内容：

①与工件有关的有：工件形状与轮廓尺寸，加工部位与加工方法，加工精

度与技术要求，定位基准与工序尺寸，有关前、后工序的要求，加工批量与使用时间。

②与机床和刀具有关的有：机床型号及主要技术参数，机床主轴或工作台的安装尺寸，刀具种类、规格及特点，刀具或辅具所要求的配合尺寸。

③其他方面有：类似组合夹具的组装记录，供组装时参考；夹具的使用场合及使用条件；加工条件及工人的操作水平。

（2）分析相关问题

根据现有条件，分析定位要求是否合理、夹具刚度是否足够、加工精度能否达到、组装时间是否允许等，发现问题后应及时采取措施解决。

（3）拟订初步方案

在保证工序加工要求的前提下，确定工件的定位基准面和夹紧部位，选择合适的定位元件、夹紧元件及相应的支承元件和基础板等，进行定位尺寸和调整尺寸的计算，考虑设计需要用到的专用件。此外，还要注意满足夹具的刚度要求，且尽量使操作方便。

①构思局部结构。主要包括：考虑定位方案和定位部分结构，考虑对刀或导向方案，考虑夹紧方案和夹紧部分机构，考虑基础部分和其他部分结构。

②构思整体结构。在各局部结构初步确定之后，应考虑如何将这些局部结构连成一个整体，此时应特别注意整体结构和各部分之间的协调，对有关尺寸要进行计算，如工件工序尺寸、夹具结构尺寸、测量尺寸等，尽量做到结构紧凑，便于操作。对结构强度及刚度还需要进行必要的受力分析及校核，使夹具有足够的刚度，保证安全。对于车床夹具还应进行平衡校核。

③选用元件品种、规格。应注意按照元件的使用特性选用元件。

④确定调整与测量方法。工件的两点或一点是毛坯面时，一般应考虑装成可调整的定位点；根据夹具精度要求，选择合适的量具或检验棒；尽量使测量基准与定位基准或设计基准一致；对角度类夹具除考虑直接测量角度外，需要时还应考虑检测工件在角度斜面的导向定位面对夹具底面的位置误差。

⑤提出专用件及特殊要求。在一般情况下，组合夹具元件可满足装配的要

求，但有时由于装配十分困难或结构非常庞大、使用不便，可提出使用和制作专用件的要求，如专用定位盘、定位销、导向件等。

（4）试装

按初步方案试装，对主要元件的尺寸精度、平行度、垂直度等进行必要的挑选和测量。用实际的元件在基础板上摆出一个夹具布局，以验证组装方案是否能满足工件、机床、夹具、刀具等各方面的要求。在试装阶段，各个元件不必紧固。试装时一定要按要求的尺寸对每一个局部结构及整体结构进行试装，仔细检查每一个定位键、螺栓的安装位置。试装的目的是检验夹具结构方案的合理性，并对原方案进行修改和补救，以免在正式组装时返工。

（5）修改及确定方案

这一步是审查阶段。针对试装时所发现的问题，进行认真的分析，对现行布局进行修改，有时甚至推翻原方案，重新拟订方案，重新试装，直到满足设计要求为止。

（6）装配、调整和固定

最终所用的夹具元件和装配方案确定后，即按最终方案对组合夹具进行组装，一般按自上而下和由内向外的顺序。首先要清除元件表面的污物，然后将有关元件分别用定位键、螺栓、螺母等连接起来。在连接过程中，边组装、边测量、边调整、边紧固，以达到所要求的精度等级。

（7）检验

组合夹具装配完成后必须进行全面细致的检查，检验有关尺寸精度、位置精度。夹具的总装精度以累计误差最小为原则来选择测量基准，测量同一方向的精度时应以基准统一为原则。此外，还包括同轴度、平行度、垂直度、位置度等公差的检验。应检测组合夹具的精度是否达到设计要求，装卸工件是否方便，有时还需实际试切，确保夹具满足使用要求。

（8）资料整理和归档

这一步是组合夹具技术处理阶段，这是一个总结和提高的阶段。对装配的组合夹具进行资料整理和归档既是加强技术文件管理、总结装配经验、促进技术交流的需要，也是采用先进技术手段（如计算机夹具辅助设计）的需要。通常可对装配好的夹具采取拍照、画结构简图、记录装配过程、填写元件明细表等方法整理资料，并将整理好的资料作为技术档案保存。

装配孔系组合夹具在形成夹具结构方面比槽系夹具要方便和容易，这是因为现代孔系组合夹具系统元件及其品种都较少，同时合件的数量比较多。但是装配出夹具结构后，在对元件做尺寸调整使之满足工件尺寸要求方面，则不如槽系组合夹具迅速，因为槽系夹具元件大都能做双向调整。孔系组合夹具检验时，特别要注意夹紧件的位置是否和刀具切削路径或换刀机械手换刀路径相冲突，这对加工过程高度自动化的 NC 机床来说特别重要，否则将产生严重事故。

第三节　刀具

一、刀具的作用与地位

金属切削机床的切削性能取决于刀具材料、结构及切削参数。刀具是金属切削加工中最活跃的因素。聚晶金刚石刀具、立方氮化硼刀具、陶瓷刀具、涂层刀具、整体硬质合金刀具、聚晶金刚石铣刀、复合孔加工刀具、数控刀具已广泛用于高速切削、精密加工、超精密加工、干切削、硬切削、复杂型面加工等加工生产中。铝合金加工专用成套刀具、模具加工用成套整体硬质合金刀具已广泛使用于航空、能源、模具等工业部门。刀具在金属切削加工中占有重要的地位。

二、刀具的分类

刀具的分类方法很多，主要从以下几个方面进行划分：

（一）按切削部分材料分

按切削部分材料，刀具可分为工具钢刀具、高速钢刀具、硬质合金刀具、陶瓷刀具、金刚石刀具及立方氮化硼刀具等。

①工具钢多用于制造手工工具或低速刀具，如镗刀、手工锯条、手动丝锥、手动铰刀、手动圆板等。

②高速钢适用于制造结构复杂的刀具，如成形车刀、铣刀、钻头、铰刀、拉刀、齿轮刀具等。

③硬质合金刀具能加工高速钢刀具难以切削加工的材料，硬质合金有比高速钢更高的硬度、耐热性和耐磨性，但其抗弯强度和冲击韧度比高速钢低，刃口不能磨得同高速钢刀具那样锋利。硬质合金刀具一般多采用焊接与机械夹固式结构，适用于各类大尺寸元件的制造。

④陶瓷刀具主要用于切削硬度为 45～55 HRC 的工具钢和淬火钢，陶瓷刀具的切削速度比硬质合金刀具高 20%～25%，切削时，摩擦因数小，不黏刀，不易产生积屑瘤，能获得较小的表面粗糙度和较好的尺寸稳定性。陶瓷刀具的缺点是脆性大，易崩刀。

⑤金刚石刀具主要用于高速精细车削、镗削有色金属及其合金和非金属材料。由于金刚石刀具具有较高的耐磨性，加工尺寸稳定和刀具使用寿命长，所以常用在数控机床、组合机床和自动机床上，加工后工件表面粗糙度 Ra 可达 0.1～0.025 μm。金刚石刀具的缺点是：耐热性差，切削温度不宜超过 700～800 ℃；强度低、脆性大、尺寸小、对振动敏感，只适合微量切削；与铁有较强的化学亲和力，不适合加工黑色金属。

⑥立方氮化硼刀具一般是采用以硬质合金为基体的复合立方氮化硼双层刀片，主要用于加工高硬度（64～70 HRC）的淬硬钢和冷硬铸铁、高温合金等难以加工的材料。立方氮化硼刀具的优点是化学稳定性好，切削温度在 1 000 ℃以下不会氧化，因此在高速切削淬硬钢、冷硬铸铁时，刀具的黏结、磨损较小，同时其耐热性比金刚石好，摩擦因数小，硬度和耐热性仅次于金刚石。立方氮化硼刀具有良好的切削性能和磨削工艺性，能用一般金刚石砂轮磨削。

（二）按工件加工表面形式分

按工件加工表面形式，刀具可分为外表面加工刀具、孔加工刀具、螺纹加工刀具、齿轮加工刀具、切断刀具等。

外表面加工刀具包括车刀、刨刀、铣刀和外表面拉刀等；孔加工刀具包括钻头、扩孔钻、镗刀、铰刀和内表面拉刀等；螺纹加工刀具包括丝锥、板牙、自动开合螺纹切头、螺纹车刀和螺纹铣刀等；齿轮加工刀具包括滚刀、插齿刀、剃齿刀、锥齿轮加工刀具、齿轮铣刀、齿轮拉刀等；切断刀具包括镶齿圆锯片、带锯、弓锯、切断车刀和锯片铣刀等。

（三）按切削运动方式和相应刀刃形状分

按切削运动方式和相应刀刃形状，刀具可分为通用刀具、成形刀具、展成刀具。

通用刀具如镗刀、钻头、扩孔钻、铰刀和锯等；成形刀具如成形车刀、成形铣刀、成形刨刀、拉刀、圆锥铰刀和各种螺纹加工刀具等；展成刀具如滚刀、插齿刀、剃齿刀、锥齿轮铣刀盘和锥齿轮刨刀等。

（四）按工作部结构形式分

刀具由装夹部分和工作部分（切削部分）组成。装夹部分也称装夹部，其功用是将刀具连接到主轴或刀架上（直接连接或通过过渡套、过渡杆连接）。

工作部分也称工作部，其功用是完成刀具的切削功能。

刀具按工作部结构形式可分为整体式刀具和镶嵌式刀具。镶嵌式刀具又分为焊接式刀具、黏结式刀具和机械夹固式刀具。

采用工具钢和高速钢制成的刀具大多数都是整体式，如工具钢的镗刀、手动铰刀、手动丝锥、手工锯条、手动圆板等；高速钢的成形车刀、铣刀、铰刀、拉刀、钻头、齿轮刀具等。采用硬质合金的小尺寸孔加工刀具也有整体式的。

采用硬质合金、陶瓷、立方氮化硼、金刚石材料的刀具一般都是镶嵌式的。硬质合金刀具的镶嵌方法主要是焊接和机械夹固。目前，硬质合金机夹可转位刀具作为一种先进刀具已被广泛使用，特别是在数控刀具系统中。机械夹固重磨式在镗削和铣削类刀具中应用较多，如盘式铣刀、端铣刀等。另外，机械夹固重磨式刀具可以直接夹紧硬质合金刀片，也可以夹紧焊接式刀头。

（五）按装夹部结构形式分

刀具的装夹部有带柄和带孔两类。

带柄的刀具的刀柄通常有矩形柄、圆柱柄和圆锥柄。车刀、刨刀等的刀柄一般为矩形柄，直径较大的麻花钻、立铣刀等的刀柄一般为圆锥柄，直径较小的麻花钻、立铣刀等的刀柄一般为圆柱柄。圆锥柄靠锥度承受轴向推力，并借助摩擦力传递扭矩。带孔刀具依靠内孔套装在机床的主轴或心轴上，借助轴向键或端面键传递扭转力矩，如套式面铣刀、圆柱形铣刀等。

另外，需要说明的是，用以磨削、研磨和抛光的工具称为磨具，磨具广义上也是刀具。磨具按其原料来源分为天然磨具和人造磨具。在机械加工中，常用的天然磨具是油石。人造磨具按基本形状和结构特征分为砂轮、磨头、砂瓦等固结磨具和涂附磨具。此外，人们习惯上把研磨剂也列为磨具一类。

三、可调节式机械加工刀具的设计

近年来，在微电子技术、计算机技术、信息工程和材料工程等高新技术的推动下，传统的制造技术得到了飞速的发展。数控加工技术和新型刀具得到了广泛的应用，这一发展的原动力来自制造业对产品制造效率的强烈追求。在这一背景下，以制造业为主要服务对象的刀具制造及应用技术发展迅速。

然而，现有的机械加工刀具还存在一些不足。例如，由于加工工件的切削形状不同，切刀下刀方位需要调整，而现有的机械加工刀具对于切刀下刀方位的调整不便，同时装夹不够稳固，为此需要设计一种可调节式机械加工刀具来解决上述出现的问题，使刀具结构合理，切削效果好，易于调节切刀，工件装夹稳定，切屑收集简便，从而更大限度地提高劳动生产率。

（一）主要结构

可调节式机械加工刀具的主要结构如图 3-69 所示，包括机身、底座、侧门、切削机构以及线缆等。底座在机身内部下侧，侧门开设在底座内部前侧，切削机构设置在底座上侧，线缆位于机身内部右侧。

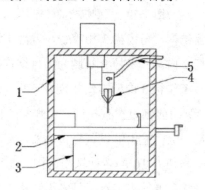

1—机身；2—底座；3—侧门；4—切削机构；5—线缆。

图 3-69 可调节式机械加工刀具的主要结构

切削机构包括气缸、活塞杆、齿盘、连杆、卡杆、工作箱、动夹板以及集灰箱等,其结构如图 3-70 所示。气缸 1 设置在机身上端面,活塞杆 2 连接在气缸 1 下侧,齿盘 3 安装在活塞杆 2 内部,连杆 8 安装在活塞杆 2 内部下侧,齿盘 4 设置在连杆 8 内部,卡杆 9 安装在连杆 8 内部右侧,工作箱 5 安装在连杆 8 右端面,动夹板 11 设置在底座上端面,集灰箱 7 设置在底座内部,活塞杆 2 内壁顶部和卡杆后端面设置有弹簧,工作箱 5 内部设置有电机,下侧安装有切刀 10,底座上端面左侧设置有定夹板 6,动夹板 11 右端面连接有丝杠 12。

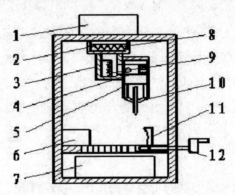

1—气缸;2—活塞杆;3,4—齿盘;5—工作箱;6—定夹板;

7—集灰箱;8—连杆;9—卡杆;10—切刀;11—动夹板;12—丝杠。

图 3-70　切削机构的结构

连杆 8 上侧为齿盘结构,与齿盘 3 相咬合,齿盘 4 为空心结构,连杆 8 穿过齿盘 3 安装在活塞杆 2 内部。卡杆 9 右侧为齿盘结构,与齿盘 3 相咬合,卡杆 9 右端面通过弹簧与工作箱 5 内壁右侧相连接,工作箱 5 通过卡杆 9 与连杆 8 相装配。卡杆 9 环形侧面前侧设置有拉销,工作箱 5 内部前侧设置有滑槽,且拉销安装在滑槽内部。电机输出端设置有传动器,传动器输出端连接有传动软轴,传动软轴输出端与切刀 10 的转动轴相连接。连杆 8 上端面通过弹簧与活塞杆 2 内壁顶部相连接,弹簧有多组,且多组弹簧规格相同。卡杆 9 右端面通过弹簧与工作箱 5 内壁右侧相连接。动夹板 11 右端面为圆弧状,通过滚珠螺母与丝杠 12 相连接,丝杠 12 与机身通过螺纹连接安装,丝杠 12 右端面设置有手轮。底座内部为空腔结构，底座内部上侧设有多组规格相同的通孔，集灰箱 7 位于通孔正下方。

（二）工作过程

首先将工件放置于底座上端面，然后通过摇动手轮带动丝杠 12 转动，随后丝杠 12 通过滚珠螺母带动夹板 11 向左运动，动夹板 11 与定夹板 6 将工件加紧，然后将连杆 8 向上推动，连杆 8 与齿盘 3 的咬合松开，转动连杆 8 将切刀 10 的径向方位调节好，随后放下连杆 8，弹簧的压力将连杆 8 与齿盘 3 压紧咬合，随后通过拉销经卡杆 9 向右拉动，齿盘 4 和卡杆 9 咬合松动，转动工作箱 5 将切刀 10 的轴向方位调节好，随后放下拉销，弹簧将卡杆 9 与齿盘 4 压紧咬合，然后通过线缆接通外界电源，电机通电工作，通过传动器与传动软轴带动切刀 10 转动，再启动气缸 1 带动活塞杆 2 向下进给，对工件进行切削加工，随后切屑通过通孔下落至集灰箱 7 内部，可以通过侧门取出集灰箱 7 进行清理。

本设计添加了气缸、活塞杆、齿盘、连杆、卡杆、工作箱、动夹板以及集灰箱，方便切刀的调节，提高了装夹稳定性，解决了原有机械加工刀具不便于调节的问题，增强了刀具的实用性能。同时，因连杆穿过齿盘安装在活塞杆内部，实现了切刀在径向方位的调节，因工作箱通过卡杆与连杆相装配，实现了切刀轴向方位的调节，结构合理，切削效果好，易于调节切刀，工件装夹稳定，切屑收集简便，能更大限度地提高劳动生产率。

第四章　典型零件机械加工工艺

第一节　轴类零件机械加工工艺

一、轴类零件的功用、类型及结构特点

（一）轴类零件的功用

轴类零件是机械设备中的主要零件之一，它的主要功能是支承传动件（齿轮、带轮、离合器等）和传递转矩。

（二）轴类零件的常见类型

轴类零件的常见类型如图 4-1 所示。

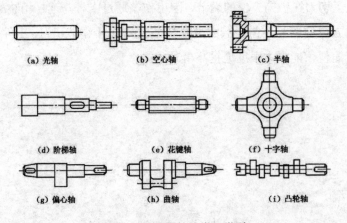

图 4-1　轴类零件的常见类型

（三）轴类零件的结构特点

从轴类零件的结构特点来看，它们都是长度 L 大于直径 d 的旋转体零件。若 $L/d \leqslant 12$，则通常称为钢性轴；若 $L/d > 12$，则称为挠性轴。其加工表面主要有内外圆柱面、内外圆锥面、螺纹、花键、沟槽等。

二、轴类零件的技术要求

（一）尺寸精度

轴类零件的支承轴颈一般与轴承配合，是轴类零件的主要表面，它影响轴的旋转精度与工作状态。通常对其尺寸精度要求较高，为 IT5～IT7，装配传动件的轴颈尺寸精度要求可低一些，为 IT6～IT9。

（二）形状精度

轴类零件的形状精度主要是指支承轴颈的圆度、圆柱度，一般应将其限制在尺寸公差范围内，对精度要求高的轴，应在图样上标注其形状公差。

（三）位置精度

保证配合轴颈（装配传动件的轴颈）相对支承轴颈（装配轴承的轴颈）的同轴度或跳动量，是轴类零件位置精度的普遍要求，它会影响传动件（齿轮等）的传动精度。普通精度轴的配合轴颈对支承轴颈的径向圆跳动一般规定为0.01～0.03 mm，高精度轴为 0.001～0.005 mm。

（四）表面粗糙度

一般与传动件相配合的轴颈的表面粗糙度 Ra 值为 2.5～0.63 μm，与轴承相配合的支承轴颈的表面粗糙度 Ra 值为 0.16～0.63 μm。

三、轴类零件的材料、毛坯及热处理

（一）轴类零件的材料

轴类零件应根据不同工作条件和使用要求选用不同的材料和热处理，以获得一定的强度、韧性和耐磨性。45#钢是一般轴类零件常用的材料，经过调质可得到较好的切削性能，而且能获得较高的强度和韧性等综合力学性能，重要表面经局部淬火后再回火，表面硬度可达 45～52 HRC。40Cr 等合金结构钢适用于中等精度而转速较高的轴，这类钢经调质和表面淬火处理后，具有较高的综合力学性能。轴承钢 GCr15 和弹簧钢 65Mn 可制造较高精度的轴，这类钢经调质和表面高频感应加热淬火后再回火，表面硬度可达 50～58 HRC，并具有较高的耐疲劳性。对于在高转速、重载荷等条件下工作的轴，可选用 20CrMoTi、20Mn2B 等低碳合金钢或 38CrMoAl 中碳合金渗氮钢。低碳合金钢经正火和渗碳淬火处理后可获得很高的表面硬度、较软的芯部，因此耐冲击韧性好，但其缺点是热处理变形较大；中碳合金渗氮钢，由于渗氮温度比淬火低，经调质和表面渗氮后，变形很小而硬度却很高，具有很好的耐磨性和耐疲劳强度。

（二）轴类零件的毛坯

轴类零件最常用的毛坯是圆棒料和锻件，只有某些大型或结构复杂的轴（如曲轴），在质量允许时才采用铸件。由于毛坯经过加热锻造后，能使金属内部纤维组织沿表面均匀分布，可获得较高的抗拉、抗弯及抗扭能力，所以除光轴直径相差不大的阶梯轴可使用热轧棒料或冷拉棒料外，一般比较重要的轴大都采用锻件，这样既可改变轴的力学性能，又能节约材料、减少机械加工量。

根据生产规模的大小，毛坯的锻造方式可分为自由锻和模锻两种。自由锻设备简单、容易投产，但所锻毛坯精度较差、加工余量大且不易锻造形状复杂的毛坯，所以多用于中小批生产；模锻的毛坯制造精度高、加工余量小、生产率高，可以锻造形状复杂的毛坯，但模锻需昂贵的设备和专用锻模，所以只适用于大批大量生产。

另外，对于一些大型轴类零件，例如低速船用柴油机曲轴，还可采用组合毛坯，即将轴预先分成几段毛坯，经各自锻造加工后，再采用纽套等过盈连接方法拼装成整体毛坯。

（三）轴类零件的热处理

轴的质量除与所选钢材种类有关外，还与热处理有关。轴的锻造毛坯在机械加工之前，均需进行正火或退火处理（碳的质量分数大于 0.7% 的碳钢和合金钢），使钢材的晶粒细化（或球化），以消除锻造后的残余应力，降低毛坯硬度，改善切削加工性能。

凡要求局部表面淬火以提高耐磨性的轴，需在淬火前安排调质处理（有的采用正火）。当毛坯加工余量较大时，调质放在粗车之后、半精车之前，使粗加工产生的残余应力能在调质时消除；当毛坯余量较小时，调质可安排在粗车之前进行。表面淬火一般放在精加工之前，可保证淬火引起的局部变形在精加工中得到纠正。

对于精度要求较高的轴，在局部淬火和粗磨之后，还需安排低温时效处理，以消除在淬火及磨削中产生的残余应力和残余奥氏体，控制尺寸稳定；对于整体淬火的精密主轴，在淬火和粗磨后，要经过较长时间的低温时效处理；对于精度更高的主轴，在淬火之后，还要进行定性处理，定性处理一般采用冰冷处理方法，以进一步消除加工应力，保持主轴精度。

四、轴类零件的加工工艺过程与分析

轴类零件的加工工艺过程随结构形状、技术要求、材料种类、生产批量等因素有所差异。在日常加工中遇到的大量工作是一般轴的工艺编制，其中机床空心主轴涉及轴类零件加工中的许多基本工艺问题，是轴类零件中很有代表性的零件，这里以图 4-2 所示空心主轴的加工工艺过程为例进行分析。

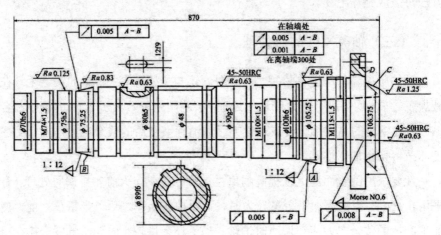

图 4-2 车床主轴零件简图（mm）

（一）车床主轴的技术条件分析

从图 4-2 所示的车床主轴零件简图可以看出，支承轴颈 A、B 是主轴部件的装配基准，它的制造精度直接影响到主轴部件的回转精度，所以对 A、B 两段轴颈提出了很高的加工技术要求。

主轴莫氏锥孔是用来安装顶尖或工具锥柄的，其锥孔轴线必须与支承轴颈的基准轴线严格同轴，否则会使加工工件产生位置等的误差。

主轴前端圆锥面和端面是安装卡盘的定位表面，为了保证卡盘的定位精度，这个圆锥面也必须与支承轴颈的轴线同轴、端面与轴线垂直，否则将产生夹具安装误差。

主轴上的螺纹是用来固定零件或调整轴承间隙的，当螺纹与支承轴颈的轴线歪斜时，会造成主轴部件上锁紧螺母的端面与轴线不垂直，导致拧紧螺母时使被压紧的轴承环倾斜，严重时还会引起主轴弯曲变形，因此这些次要表面也有相应的加工精度要求。

（二）车床主轴的加工工艺过程

以下为某车床主轴大批大量生产的工艺过程：备料→精锻→热处理→锯头→铣端面和钻中心孔→荒车→热处理→车大端各部→仿形车小端各部→钻深孔→车小端内锥孔→车大端锥孔并车前端圆锥面和端面→钻大端端面各孔→热处理→精车各外圆及各槽→粗磨外圆二段→粗磨莫氏 6 号锥孔→粗、精铣花键→铣键槽→车大端内侧面及三段螺纹→粗、精各外圆→粗、精磨圆锥面→粗磨莫氏锥度 6 号内锥孔→检查。

（三）车床主轴的加工工艺过程分析

从上述主轴加工工艺过程可以看出，在拟订主轴零件加工工艺过程时，应考虑下列一些共性问题：

1.定位基准的选择与转换

轴类零件的定位基准，最常用的是两中心孔，它是辅助基准，工作时没有作用。采用两中心孔作为统一的定位基准加工各外圆表面，不但能在一次装夹中加工出多处外圆和端面，而且可确保各外圆轴线间的同轴度以及端面与轴线的垂直度要求，符合基准统一原则。因此，只要有可能，就应尽量采用中心孔定位。

对于空心主轴零件，在加工过程中，作为定位基准的中心孔因钻出通孔而消失，为了在通孔加工之后还能使用中心孔作定位基准，一般都采用带有中心孔的锥堵或锥套心轴。

采用锥堵时应注意的问题：锥堵应具有较高的精度，锥堵的中心孔既是锥堵本身制造的定位基准，又是磨削主轴的精基准，所以必须保证锥堵上的锥面与中心孔轴线有较高的同轴度；应尽量减少锥堵的装拆次数，因为工件锥孔与锥堵上的锥角不可能完全一致，重新拆装会引起安装误差，所以对中小批生产来说，锥堵安装后一般不能中途更换。但有些精密主轴的外圆和锥孔要反复多次互为基准进行磨削加工。在这种情况下，重新镶配锥堵时需按外圆进行找正和修磨锥堵上的中心孔。另外，热处理时还会发生中心通孔内气体膨胀而将锥堵推出的情况，因此需注意在锥堵上钻一轴向透气孔，以便气体受热膨胀时逸出。

为了保证锥孔轴线和支承轴颈（装配基准）轴线的同轴，磨主轴锥孔时，选择主轴的装配基准——前后支承轴颈作为定位基准，这样符合基准重合原则，使锥孔的径向圆跳动易于控制。还有一种情况是，在外圆表面粗加工时，为了提高零件的装夹刚度，常采用一夹一顶的方式，即主轴的一头外圆用卡盘夹紧，另一头使用尾座顶尖顶住中心孔。

从主轴加工工艺过程来看，定位基准的使用与转换工序大体为：工艺过程一开始，以外圆为粗基准铣端面、钻中心孔，为粗车外圆准备好定位基准；车大端各部外圆，采用中心孔作为统一基准，并且又为深孔加工准备好定位基准；车小端各部，则使用已车过的一端外圆和另一端中心孔作为定位基准（一夹一顶方式）；钻深孔采用前后两挡外圆作为定位基准（一夹一托方式）；之后，先加工好前后锥孔，以便安装锥堵，为精加工外圆准备好定位基准；精车和磨削各挡外圆，均统一采用两中心孔作为定位基准；终磨锥孔之前，必须磨好轴颈表面，以便使用支承轴颈作为定位基准，使主轴装配基准与加工基准一致，消除基准不重合引起的定位误差，获得锥孔加工的精度。

2.工序顺序的安排

（1）加工阶段划分

由于主轴是多阶梯带通孔的零件，切除大量的金属后会引起残余应力重新分布而变形，因此在安排工序时，应将粗、精加工分开，先完成各表面的粗加工，再完成各表面的半精加工与精加工，主要表面的精加工放在最后进行。

对主轴加工阶段的划分大体为：荒加工阶段为准备毛坯；正火后，粗加工阶段为车端面和钻中心孔、粗车外圆；调质处理后，半精加工阶段为半精车外圆、端面、锥孔；表面淬火后，精加工阶段为主要表面的精加工，包括粗、精磨各级外圆，精磨支承轴颈、锥孔。各阶段的划分大致以热处理为界。整个主轴加工的工艺过程，就是以主要表面（特别是支承轴颈）的粗加工、半精加工和精加工为主线，穿插其他表面的加工工序而组成的。

（2）外圆表面的加工顺序

外圆表面应先加工大直径外圆，然后加工小直径外圆，以免一开始就降低工件的刚度。

（3）深孔加工工序的安排

该工序安排时应注意两点：第一，钻孔安排在调质之后进行，因为调质处理变形较大，深孔会产生弯曲变形。若先钻深孔，后进行调质处理，则孔的弯曲得不到纠正，这样不仅影响棒料通过主轴孔，而且会造成由主轴高速转动不平衡而引起的振动。第二，深孔应安排在外圆粗车或半精车之后，以便有一个较精确的轴颈作定位基准（搭中心架用），保证孔与外圆轴线的同轴度，使主轴壁厚均匀。如果仅从定位基准考虑，希望始终用中心孔定位，避免使用锥堵，则将深孔加工安排到最后工序，然而，由于深孔加工毕竟是粗加工，发热量大，会破坏外圆加工表面的精度，故该方案不可取。

（4）次要表面加工的安排

主轴上的花键、键槽、螺纹、横向小孔等次要表面的加工，通常均安排在精车、粗磨外圆之后或精磨外圆之前进行。这是因为如果在精车前就铣出键槽，精车时因断续切削而产生振动，既影响加工质量，又容易损坏刀具；另外，也难以控制键槽的深度尺寸。但是这些加工也不宜放在主要表面精磨之后，以免破坏主要表面已获得的精度。主轴上的螺纹有较高的要求，应注意安排在最终热处理（局部淬火）之后，以克服淬火后产生的变形，而且车螺纹使用的定位基准与精磨外圆使用的基准应当相同，否则也达不到较高的同轴度要求。

第二节　套筒零件机械加工工艺

一、套筒零件的功用与结构特点

套筒零件是机械中常见的一种零件，通常起支承或导向作用。它的应用范围很广，例如支承旋转轴上各种形式的轴承、夹具上引导刀具的导向套、内燃机上的气缸套以及液压缸等，图4-3为套筒零件示例。

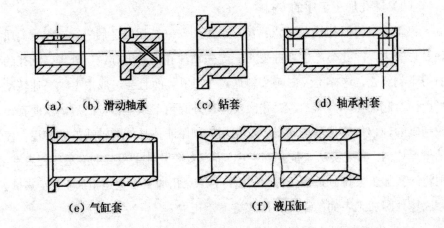

(a)、(b) 滑动轴承　　(c) 钻套　　　　　(d) 轴承衬套

(e) 气缸套　　　　　　(f) 液压缸

图 4-3　套筒零件示例

由于套筒零件功用不同，其结构和尺寸有着很大的差别，但结构上仍有共同特点，如零件的主要表面为同轴度要求较高的内外旋转表面、零件壁的厚度较薄且易变形、零件长度一般大于直径等。

二、套筒零件的技术要求

套筒零件的主要表面是孔和外圆，其主要技术要求如下：

（一）孔的技术要求

孔是在套筒零件中起支承或导向作用最主要的表面。孔的直径尺寸精度一般为 IT7，精密轴套取 IT6；由于与气缸和液压缸相配的活塞上有密封圈，孔的直径尺寸精度要求较低，通常取 IT9。孔的形状精度应控制在孔径公差以内，一些精密套筒控制在孔径公差的 1/3～1/2。对于长套筒，除有圆度要求以外，还应有圆柱度要求。为了保证零件的功用和提高其耐磨性，孔的表面粗糙度 Ra 值应为 0.16～2.5 μm，要求高的表面粗糙度 Ra 值达 0.04 μm。

（二）外圆表面的技术要求

外圆是套筒的支承面，常采用过盈配合或过渡配合同箱体或机架上的孔相连接。套筒的外径尺寸精度通常取 IT6～IT7，形状精度控制在外径公差以内，表面粗糙度 Ra 值为 0.63～5 μm。

（三）孔与外圆轴线的同轴度要求

当孔的最终加工方法是通过将套筒装入机座后合件进行加工时，其套筒内、外圆间的同轴度要求可以低一些；若最终加工是在装入机座前完成的，则同轴度要求较高，一般为 0.01～0.05 mm。

（四）孔轴线与端面的垂直度要求

当套筒的端面（包括凸缘端面）在工作中承受轴向载荷，或虽不承受载荷但在装配或加工中作为定位基准时，端面与孔轴线的垂直度要求较高，一般为

0.01～0.05 mm。

三、套筒零件的材料与毛坯

套筒零件一般用钢、铸铁、青铜或黄铜制成。有些滑动轴承采用双金属结构，以离心铸造法在钢或铸铁套筒内壁上浇铸巴氏合金等轴承合金材料，既可节省贵重的有色金属，又能提高轴承的使用寿命。对于一些强度和硬度要求较高的套筒（如镗床主轴套筒、伺服阀套），可选用优质合金钢（38CrMoAIA、18CrNiWA）。

套筒毛坯的选择与其材料、结构、尺寸及生产批量有关。孔径小的套筒一般选择热轧或冷拉棒料，也可采用实心铸件；孔径较大的套筒常选择无缝钢管或带孔的铸件和锻件。大批大量生产时，采用冷挤压和粉末冶金等先进毛坯制造工艺，既可节约用材，又可提高毛坯精度及生产率。

四、套筒零件的加工工艺过程与分析

（一）套筒零件的加工工艺过程

由于套筒零件的功用、结构形状、材料、热处理以及尺寸不同，其工艺差别很大。按结构形状，套筒零件大体上分为短套筒与长套筒两类，它们在机械加工中的装夹方法有很大差别。对于短套筒（如钻套），通常可在一次装夹中完成内、外圆表面及端面加工（车或磨），工艺过程较为简单，精度容易达到，所以在此不介绍其加工工艺过程。对于长套筒，这里以液压缸为例介绍加工工艺过程。液压缸加工工艺过程如下：配料→车→深孔推镗→液压孔→车。

（二）套筒零件的加工工艺过程分析

1.保证套筒表面位置精度的方法

液压缸零件内、外表面轴线的同轴度以及端面与孔轴线的垂直度要求较高，若能在一次装夹中完成内、外表面及端面的加工，则可获得很高的位置精度，但这种方法的工序比较集中，对于尺寸较大的，尤其是长径比大的液压缸，不便一次完成。于是，通常将液压缸内、外表面加工分在几次装夹中进行。一般可以先终加工孔，然后以孔为精基准加工外圆。由于这种方法所用夹具（心轴）的结构简单、定心精度高，可获得较高的位置精度，因此应用甚广。另一种方法是先终加工外圆，然后以外圆为精基准加工孔。采用这种方法时，工件装夹迅速、可靠，但夹具较上述的孔定位复杂，加工精度略比上述方法差。

2.防止加工中套筒变形的措施

套筒零件孔壁较薄，在加工中常因夹紧力、切削力、残余应力和切削热等因素的影响而产生变形。为了防止此类变形，应注意以下几点：

①减少切削力与切削热的影响，粗、精加工应分开进行，使粗加工产生的变形在精加工中得到纠正。

②减少夹紧力的影响。工艺上可采取的措施有：改变夹紧力的方向，即径向夹紧改为轴向夹紧。

对于普通精度的套筒，当需径向夹紧时，也应尽可能使径向夹紧力均匀。例如：可采用开缝过渡套筒套在工件的外圆上，一起夹在三爪自定心卡盘内；也可采用软爪装夹，以增大卡爪和工件间的接触面积，如图4-4所示。软爪是未经淬硬的卡爪，形状与直径跟被夹的零件直径基本相同，并车出一个台阶，以使工件端面正确定位。在车软爪之前，为了消除间隙，必须在卡爪内端夹持一段略小于工件直径的定位衬柱，待车好后拆除，如图4-4（b）所示。用软爪装夹工件，既能保证位置精度，又可减少找正时间，防止夹伤零件的表面。

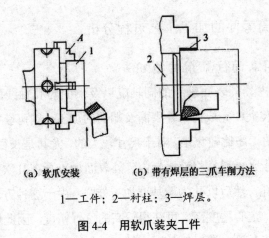

(a) 软爪安装　　　　(b) 带有焊层的三爪车削方法

1—工件；2—衬柱；3—焊层。

图 4-4　用软爪装夹工件

第三节　箱体类零件机械加工工艺

一、箱体类零件概述

（一）箱体类零件的功用与结构特点

箱体是各类设备的基础零件。它将设备和部件中的轴、套、齿轮等有关零件连接成一个整体，并使之保持正确的位置，以传递转矩或改变转速来完成规定的运动。因此，箱体的加工质量直接影响设备的性能、精度和使用寿命。

箱体的种类很多，按其功用可分为主轴箱、变速箱、操纵箱、进给箱等。图 4-5 所示为几种箱体类零件的结构。

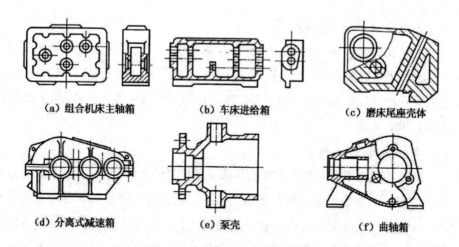

图 4-5 几种箱体类零件的结构

由图 4-5 可知，箱体类零件的结构一般比较复杂，壁的薄厚不均匀，加工部位多，既有一个或数个基准面及一些支承面，又有一对或数对加工难度大的轴承支承孔。统计资料表明，一般中型机床制造厂花在箱体类零件上的机械加工工时约占整个产品的 15%～20%。

（二）箱体类零件的主要技术要求

箱体类零件中以主轴箱精度要求最高，现以它为例归纳以下五项精度要求：

1.孔径精度

孔径的尺寸误差和形状误差会造成轴承与孔的配合不良，因此对孔的精度要求较高。主轴孔的尺寸公差为 IT6，其余孔为 IT6～IT7。孔的形状精度没有明确规定，一般控制在尺寸公差范围内即可。

2.孔的位置精度

同一轴线上各孔的同轴度误差和孔端面对轴线的垂直度误差会使轴和轴承装配到箱体内时出现歪斜，从而造成主轴径向圆跳动和轴向圆跳动，也加剧了轴承磨损。为此，一般同轴上各孔的同轴度约为最小孔尺寸公差的一半。孔系之间的平行度误差会影响齿轮的啮合质量，也需规定相应的位置精度。

3.孔和平面的位置公差

主要孔和主轴箱安装基面的平行度要求决定了主轴与床身导轨的位置关系。这项精度是在总装中通过刮研来达到的,为了减少刮研量,一般都要规定主轴轴线对安装基面的平行度公差,在垂直和水平两个方面上,只允许主轴前端向上和向前偏。

4.主要平面的精度

装配基面的平面度影响主轴箱与床身连接时的接触刚度,并且在加工过程中常作为定位基面也会影响孔的加工精度,因此应规定底面和导向面必须平直。顶面的平面度要求是为了保证箱盖的密封,防止工作时润滑油的泄出;当在大批大量生产中将箱体顶面用作定位基面加工孔时,对它的平面度要求还要提高。

5.表面粗糙度

重要孔和主要平面的表面粗糙度会影响连接面的配合性质或接触刚度,一般要求主轴孔表面粗糙度 Ra 值为 0.4 μm,其余各纵向孔的表面粗糙度 Ra 值为 1.6 μm,孔的内端面表面粗糙度 Ra 值为 3.2μm,装配基准面和定位基准面表面粗糙度 Ra 值为 0.63~2.5 μm,其他平面的表面粗糙度 Ra 值为 2.5~10 μm。

(三)箱体材料及毛坯

箱体毛坯的制造方法有两种:一种是采用铸造;另一种是采用焊接。对于金属切削机床的箱体,由于形状较为复杂,而铸铁具有成形容易、可加工性良好、吸振性好、成本低等优点,所以一般都采用铸铁。对于动力机械中的某些箱体及减速器壳体等,除要求结构紧凑、形状复杂外,还要求具有体积小、质量轻等特点,所以可采用铝合金压铸。压力铸造毛坯,因其制造质量好,不易产生缩孔和缩松而应用十分广泛。对于承受重载和冲击的工程机械、锻压机床的一些箱体,可采用铸钢或钢板焊接。某些简易箱体为了缩短毛坯制造周期,也常常采用钢板焊接而成,但焊接件的残余应力较难消除干净。

箱体铸铁材料采用最多的是各种牌号的灰铸铁，如HT200、HT250、HT300等。对一些要求较高的箱体，如镗床的主轴箱、坐标镗床的箱体，可采用耐磨合金铸铁（又称密烘铸铁，如MTCrMoCu-300）、高磷铸铁（如MTP-250），以提高铸件质量。

毛坯的加工余量与生产批量及毛坯的尺寸、结构、精度和铸造方法等因素有关。

二、箱体类零件的结构工艺性

箱体上的孔分为通孔、阶梯孔、交叉孔、盲孔等。通孔工艺性最好，而通孔中又以孔长 L 与孔径 d 之比 $L/d \leqslant 1$ 的短圆柱孔的工艺性为最好，$L/d > 5$ 的深孔若精度要求较高，表面粗糙度值较小，加工就很困难。阶梯孔的工艺性较差，孔径相差大，其中最小孔径很小时，工艺性则更差。相贯通的交叉孔的工艺性也较差，如图4-6（a）所示，ϕ100 mm 孔与 ϕ70 mm 孔相交，加工时刀具走到贯通部分，径向力不等会造成孔轴线偏斜。如图4-6（b）所示，在工艺上可以将 ϕ70 mm 孔预先不铸通，加工完 ϕ100 mm 孔后再加工 ϕ70 mm 孔，这样可以保证交叉孔的加工质量。盲孔的工艺性最差，因为精镗或精铰盲孔时，要用手动送进，或采用特殊工具送进才行，故应尽量避免。

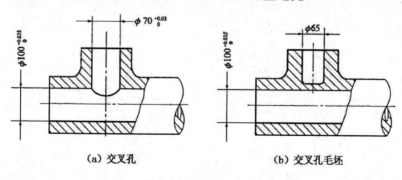

（a）交叉孔　　　　　　　　　　（b）交叉孔毛坯

图4-6　相贯通的交叉孔的工艺性（mm）

　　箱体上同轴孔的孔径排列方式有三种，如图4-7所示。图4-7（a）所示为孔径大小向一个方向递减，且相邻两孔直径之差大于孔的毛坯加工余量。这种排列方式便于镗杆和刀具从一端伸入，同时加工同轴线上的各孔。对于单件小批生产，这种结构加工最为方便。图4-7（b）所示为孔径大小从两边向中间递减，加工时可使刀杆从两边进入，这样不仅缩短了镗杆长度，提高了镗杆的刚性，而且为双面同时加工创造了条件，所以大批大量生产的箱体常采用此种孔径分布。图4-7（c）所示为孔径大小无规则排列，这种孔径排列方式的工艺性差，应尽量避免。

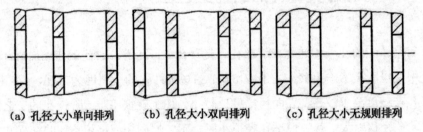

　（a）孔径大小单向排列　　（b）孔径大小双向排列　　（c）孔径大小无规则排列

图4-7　同轴孔的孔径排列方式

　　箱体内端面加工比较困难，必须加工时，在设计中应尽可能使内端面尺寸小于刀具需穿过的孔加工前的直径，如图4-8（a）所示，这样就可避免伤及另外的孔。如图4-8（b）所示，加工时镗杆伸进后才能装刀，镗杆退出前又需将刀卸下，加工时很不方便。当内端面尺寸过大时，还需采用专用径向进给装置。箱体的外端面凸台应尽可能在同一平面上，如图4-9（a）所示；若采用图4-9（b）的形式，则加工要麻烦一些。

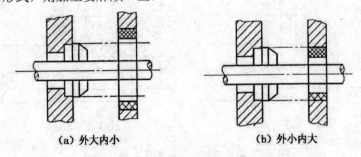

　　（a）外大内小　　　　　　　　　　（b）外小内大

图4-8　箱体内端面的结构工艺性

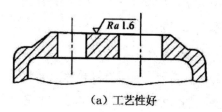

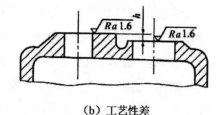

（a）工艺性好　　　　　　　　　（b）工艺性差

图4-9　箱体外端面的结构工艺性

箱体装配基面的尺寸应尽可能大，形状应尽量简单，以利于加工、装配和检验。箱体上紧固孔的尺寸规格应尽可能一致，以减少在加工中换刀的次数。为了保证箱体有足够的动刚度和抗振性，应根据具体情况合理使用肋板、肋条，加大圆角半径，收小箱口，加厚主轴前轴承口厚度。

三、箱体机械加工工艺过程及工艺分析

（一）拟定箱体类零件加工工艺规程的原则

在拟订箱体类零件的加工工艺规程时，有一些基本原则应遵循。

1.加工顺序：先面后孔

先加工平面后加工孔是箱体加工的一般规律。因为箱体孔的精度要求高，加工难度大，先以孔为粗基准加工好平面，再以平面为精基准加工孔，这样既能为孔的加工提供稳定可靠的精基准，又能使孔的加工余量较为均匀，同时还能使孔均匀分布在箱体各平面上。先加工好平面，可消除铸件表面凹凸不平及夹砂等缺陷，钻孔时钻头不易引偏，扩孔或铰孔时，刀具不易崩刃。

2.加工阶段：粗、精分开

箱体的结构复杂，壁厚不均匀，刚性不好，而加工精度又高，一般应将粗、精加工工序分阶段进行，先进行粗加工，再进行精加工，这样可以避免粗加工产生的内应力和切削热等对加工精度产生影响，同时还可以及时发现毛坯缺陷，避免更大的浪费。粗加工考虑的主要是效率，精加工考虑的主要是精度，这样可以根据粗、精加工的不同要求，合理选择设备。

3.基准选择：选重要孔为粗基准，精基准力求统一

箱体上的孔比较多，为了保证孔的加工余量均匀，一般选择箱体上的重要孔和另一个相距较远的孔作粗基准。而精基准的选择通常贯彻基准统一原则，常以装配基准或专门加工的一面两孔为定位基准，使整个加工过程基准统一，夹具结构类似，基准不重合误差减至最小。

4.工序集中：先主后次

箱体零件上相互位置要求较高的孔系和平面，一般应尽量集中在同一工序中加工，以保证其相互位置要求和减少装夹次数。加工紧固螺纹孔、油孔等的次要工序，一般安排在平面和支承孔等主要加工表面精加工之后再进行。

5.工序间安排时效处理

箱体零件铸造残余应力较大，为了消除残余应力，减少加工后的变形，保证加工精度稳定，铸造后通常应安排一次人工时效处理。对于精度要求较高的箱体，粗加工之后还要安排一次人工时效处理，以消除粗加工所产生的残余应力（箱体人工时效处理，除用加温方法外，还可采用振动时效处理方法）。

6.工装设备依批量而定

加工箱体零件所用的设备，应根据生产批量而定。在单件小批生产中，箱体一般都在通用机床上加工，通常也不用专用夹具；而在大批大量生产中，箱体的加工则广泛采用专用设备机床，如多轴龙门铣床、组合磨床等，各主要孔的加工采用多工位组合机床、专用镗床等，一般都采用专用夹具，以提高生产效率。

（二）箱体平面的加工

箱体平面的加工，通常采用刨削、铣削或磨削。

刨削和铣削刀具结构简单，机床调整方便，常用作平面的粗加工和半精加工。龙门刨床和龙门铣床都可以利用几个刀架，在工件的一次装夹中完成几个表面的加工，既可保证平面间的相互位置精度，又可提高生产效率。

磨削则用作平面的精加工，而且可以加工淬硬表面。工厂为了保证平面间的位置精度和提高生产效率，有时还采用组合磨削来精加工箱体各表面。

（三）箱体孔系的加工

在箱体上，一系列有相互位置精度要求的孔的组合，称为孔系。孔系可分为平行孔系、同轴孔系和交叉孔系。

孔系的加工是箱体加工的关键。根据生产批量和精度要求的不同，孔系的加工方法也有所不同。

1.平行孔系的加工

所谓平行孔系，是指轴线互相平行且孔距有精度要求的一些孔。

在生产中，保证孔距精度的方法有多种。

（1）找正法

找正法是指工人在通用机床上利用辅助工具来找正要加工孔的正确位置的加工方法。

这种方法加工效率低，一般只适用于单件小批生产。

根据找正方法的不同，找正法又可分为划线找正法、心轴和块规找正法、样板找正法、定心套找正法。

①所谓划线找正法，是指加工前按照零件图在毛坯上划出各孔的位置轮廓线，然后按划线一一进行加工。

②所谓心轴和块规找正法，是指镗第一排孔时将心轴插入主轴内（或者直接利用镗床主轴），然后根据孔和定位基准的距离组合一定尺寸的块规来校正主轴位置。

③所谓样板找正法，是指将用钢板制成的样板装在垂直于各孔的端面上，然后在机床主轴上装一千分表，再按样板找正机床主轴，找正后即换上镗刀进

行加工。

④所谓定心套找正法，是指先在工件上划线，再按线钻攻螺钉孔，然后装上形状精度高而表面光洁的定心套，定心套与螺钉间有较大间隙，接着按图样要求的孔心距公差的 1/5～1/3 调整全部定心套的位置，并拧紧螺钉，复查后即可上机床按定心套找正镗床主轴位置，卸下定心套，镗出一孔，每加工一孔找正一次，直至孔系加工完毕。

（2）镗模法

镗模法是指利用镗模夹具加工孔系的方法。镗孔时，工件装夹在镗模上，镗杆被支承在镗模的导套里，增加了系统的刚性。镗刀通过模板上的孔将工件上相应的孔加工出来。当用两个或两个以上的支承来引导镗杆时，镗杆与机床主轴必须浮动连接，这样机床精度对孔系加工精度的影响就会很小，因而可以在精度较低的机床上加工出精度较高的孔系。孔距精度主要取决于镗模，一般可达 ±0.05 mm；加工精度等级可达 IT7，表面粗糙度 Ra 为 5～1.25 μm；孔与孔之间的平行度可达 0.02～0.03 mm。这种方法广泛应用于中批生产和大批生产中。

（3）坐标法

坐标法镗孔是在普通卧式镗床、坐标镗床或数控镗床等设备上，借助于测量装置，调整机床主轴与工件间在水平和垂直方向的相对位置，来保证孔心距精度的一种镗孔方法。

大多箱体的孔与孔之间有严格的孔心距公差要求。坐标法镗孔的孔心距精度取决于坐标的移动精度，也就是坐标测量装置的精度。

采用坐标法加工孔系时，必须特别注意基准孔和镗孔顺序的选择，否则坐标尺寸的累积误差会影响孔心距精度。通常应遵循以下原则：

①有孔距精度要求的两孔应连在一起加工，以减少坐标尺寸的累积误差，避免影响孔距精度。

②基准孔应位于箱壁一侧，以便依次加工各孔时工作台朝一个方向移动，避免工作台往返移动时由间隙造成的误差。

③所选的基准孔应有较高的精度和较小的表面粗糙度，以便在加工过程中可以重新准确地校验坐标原点。

2.同轴孔系的加工

在成批生产中，同轴孔系通常采用镗模加工，以保证孔系的同轴度。单件小批生产则用以下方法保证孔系的同轴度：

①利用已加工孔作支承导向。一般在已加工孔内装导向套，以便支承和引导镗杆加工同一轴线上的其他孔。

②利用镗床后立柱上的导向套支承镗杆。采用这种方法加工时，镗杆两端均被支承，刚性好，但调整麻烦，镗杆长而笨重，因此只适用于加工大型箱体。

③采用调头镗。当箱体的箱壁相距较远时，工件在一次装夹后，先镗好一侧的孔，再将镗床工作台回转180°，调整好工作台的位置，使已加工孔与镗床主轴同轴，然后加工另一侧的孔。

3.交叉孔系的加工

交叉孔系的主要技术要求通常是控制有关孔的相互垂直度误差。在普通镗床上主要是靠机床工作台上的90°对准装置，这是一个挡块装置，结构简单，对准精度低。对准精度要求较高时，一般采用光学瞄准器，或者依靠人工用百分表找正。目前，也有很多企业开始用数控铣镗床或者加工中心来加工箱体的交叉孔系。

（四）箱体零件的检验

箱体零件的检验项目包括表面粗糙度、外观、尺寸精度、形状精度和位置精度等。

表面粗糙度的检验通常用目测或样板比较法，只有当 Ra 值很小时，才考虑使用光学量仪或使用粗糙度仪。

外观检查只需根据工艺规程检查完工情况以及加工表面有无缺陷即可。

孔的尺寸精度一般用塞规检验；单件小批生产时可用内径千分尺或内径千

分表检验；若精度要求很高，可用气动量仪检验。

平面的直线度可用平尺和厚薄规等检验。平面的平面度可用自准直仪或桥尺涂色检验。

同轴度的检验常用检验棒检验，若检验棒能自由通过同轴线上的孔，则孔的同轴度在允差范围之内。

孔间距和孔轴线平行度的检验，根据孔距精度的要求，可分别使用游标卡尺或千分尺，也可用心轴和衬套或块规测量。

三坐标测量机可同时对零件的尺寸、形状和位置等进行高精度的测量。

第四节　齿轮类零件机械加工工艺

本节主要以圆柱齿轮为例来对齿轮类零件的机械加工工艺进行分析。

一、圆柱齿轮概述

圆柱齿轮是在机械传动中应用极为广泛的零件之一，其功用是按规定的传动比传递运动和动力。

（一）圆柱齿轮的结构特点

圆柱齿轮一般分为齿圈和轮体两部分。在齿圈上切出直齿、斜齿等齿形，而在轮体上有孔或轴。轮体的结构形状直接影响齿轮加工工艺规程的制定。因此，圆柱齿轮可根据齿轮轮体的结构形状来划分。在设备中，常见的圆柱齿轮有盘类齿轮、套类齿轮、内齿轮、轴类齿轮、扇形齿轮、齿条（即齿圈半径无限大的圆柱齿轮），如图 4-10 所示。其中，盘类齿轮应用最广。

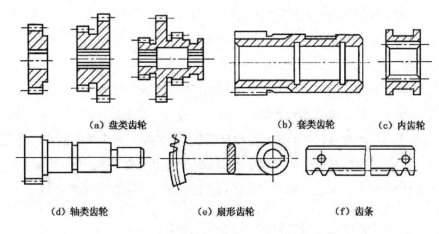

（a）盘类齿轮　　　（b）套类齿轮　　（c）内齿轮

（d）轴类齿轮　　　（e）扇形齿轮　　　（f）齿条

图 4-10　圆柱齿轮的结构形式

一个圆柱齿轮可以有一个或多个齿圈。普通单齿圈齿轮的工艺性最好。当齿轮精度要求高，需要剃齿或磨齿时，通常将多齿圈齿轮做成单齿圈齿轮的组合结构。

（二）圆柱齿轮传动的精度要求

圆柱齿轮传动精度的高低直接影响到整个设备的工作性能、承载能力和使用寿命。根据圆柱齿轮的使用条件，对圆柱齿轮传动主要提出以下三个方面的精度要求：

①传递运动的准确性。要求齿轮能准确地传递运动，传动比恒定，即要求齿轮一转中的转角误差不超过一定范围。

②传递运动的平稳性。要求齿轮转动时瞬时传动比的变化量在一定限度内，即要求齿轮在一齿转角内的最大转角误差在规定范围内，从而减小齿轮传递运动中的冲击、振动和噪声。

③载荷分布的均匀性。要求齿轮工作时齿面接触要均匀，并保证有一定的接触面积和符合要求的接触位置，从而保证齿轮在传递动力时，不会因载荷分

布不均匀而接触应力过大，引起齿面过早磨损。

④传动侧间隙的合理性。要求齿轮工作时，非工作齿面间留有一定的间隙，以储存润滑油，补偿因温度、弹性变形所引起的尺寸变化和加工、装配时的一些误差。

齿轮的制造精度和齿侧间隙主要根据齿轮的用途和工作条件而定。对于分度传动用的齿轮，主要要求齿轮的运动精度较高；对于高速动力传动用齿轮，为了减少冲击和噪声，对工作平稳性精度有较高要求；对于重载低速传动用的齿轮，则要求齿面有较高的接触精度，以保证齿轮不致过早磨损；对于换向传动和读数机构用的齿轮，则应严格控制齿侧间隙，必要时，须消除间隙。

（三）圆柱齿轮的精度等级与公差组

圆柱齿轮的精度分 12 个等级，其中第 1 级最高，第 12 级最低。此外，按误差特性及误差对传动性能的主要影响，还将齿轮的各项公差分成 3 个公差级。在一般情况下，一个齿轮的 3 个公差组应选用相同的精度等级。当对使用的某个方面有特殊要求时，也允许各公差组选用不同的精度等级，但在同一公差组内，各项公差与极限偏差必须保持相同的精度等级。齿轮精度等级应根据齿轮传动的用途、圆周速度、传递功率等进行选择。

二、圆柱齿轮的材料、热处理与毛坯

（一）材料的选择

齿轮材料的选择对齿轮的加工性能和使用寿命都有直接的影响。一般来讲，对于低速、重载的传力齿轮，有冲击载荷的传力齿轮的齿面受压产生塑性变形或磨损，且轮齿容易折断，应选用机械强度、硬度等综合力学性能好的材料（如 20CrMnTi），经渗碳淬火，芯部具有良好的韧性，齿面硬度可达

56～62 HRC。线速度高的传力齿轮，齿面易产生疲劳点蚀，所以齿面硬度要高，可用 38CrMoAIA 渗氮钢，这种材料经渗氮处理后表面可得到一层硬度很高的渗氮层，而且热处理变形小。非传力齿轮可以用非淬火钢、铸铁、夹布胶木或尼龙等材料。

（二）齿轮的热处理

在齿轮加工中，根据不同的目的安排有两种热处理工序。

1.毛坯热处理

在齿坯加工前后安排预先热处理（通常为正火或调质）。其主要目的是消除锻造及粗加工引起的残余应力，改善材料的切削性能和提高综合力学性能。

2.齿面热处理

齿形加工后，为提高齿面硬度和耐磨性，常进行渗碳淬火、高频感应加热淬火、碳氮共渗或渗氮等表面热处理工序，这些工序一般安排在滚齿、插齿、剃齿之后，珩齿、磨齿之前。

（三）齿轮的毛坯

齿轮的毛坯形式主要有棒料、锻件和铸件。棒料用于小尺寸、结构简单且对强度要求低的齿轮。当齿轮要求强度高、耐磨和耐冲击时，多用锻件。对于直径大于 400～600 mm 的齿轮，常用铸造方法铸造齿坯。为了减少机械加工量，对大尺寸、低精度齿轮，可以直接铸出轮齿；压力铸造、精密锻造、粉末冶金、热轧和冷挤等新工艺，可制造出具有轮齿的齿坯，以提高劳动生产率，节约原材料。

三、圆柱齿轮机械加工工艺路线

圆柱齿轮机械加工的工艺路线是根据齿轮材质、热处理要求、齿轮结构及尺寸大小、精度要求、生产批量和车间设备条件而定的。一般可归纳成以下工艺路线：毛坯制造→齿坯热处理→齿坯加工→齿形加工→齿圈热处理→齿轮定位表面精加工→齿圈的精整加工。

拟订圆柱齿轮加工工艺路线时应注意以下几个问题：

（一）定位基准选择

齿轮加工时的定位基准应尽可能与设计基准相一致，以避免由于基准不重合而产生的误差，即要符合"基准重合"原则。在齿轮加工的整个过程中（如滚、剃、珩、磨等）也应尽量采用相同的定位基准，即符合"基准统一"的原则。

对于小直径的轴齿轮，可采用两端中心孔或锥体作为定位基准，符合"基准统一"原则；对于大直径的轴齿轮，通常用轴颈和一个较大的端面组合定位，符合"基准重合"原则；带孔的齿轮则以孔和一个端面组合定位，既符合"基准重合"原则，又符合"基准统一"原则。

（二）齿坯加工

齿形加工前的齿轮加工称为齿坯加工。齿坯的外圆、端面或孔经常作为齿形加工、测量和装配的基准，所以齿坯的精度对整个齿轮的精度有着重要的影响。另外，齿坯加工在齿轮加工总工时中占有较大的比例，因而齿坯加工在整个齿轮加工中占有重要的地位。

1.齿坯精度

齿轮在加工、检验和装夹时的径向基准面和轴向基准面应尽量一致。在多数情况下，常以齿轮孔和端面为齿形加工的基准面，所以齿坯精度中主要是对齿轮孔的尺寸精度和形状精度、孔和端面的位置精度有较高的要求，当外圆作为测量基准、定位基准或找正基准时，对齿坯外圆也有较高的要求。具体要求见表 4-1。

表 4-1　齿坯尺寸和形状公差

齿轮精度等级	5	6	7	8
孔的尺寸和形状公差	IT5	IT6	IT7	
轴的尺寸和形状公差	IT5		IT6	
外圆直径尺寸和形状公差	IT7	IT8		

注：1.当齿轮的三个公差组的精度等级不同时，按最高等级确定公差值。

2.当外圆不作测齿厚的基准面时，尺寸公差按 IT11 给定，但不大于 0.1 mm。

3.当以外圆作基准面时，外圆直径尺寸和形状公差按本表确定。

2.齿坯加工方案的选择

齿坯加工的主要内容包括：齿坯的孔加工、端面和中心孔的加工（对于轴类齿轮）以及齿圈外圆和端面的加工；对于轴类齿轮和套筒齿轮的齿坯，其加工过程和一般轴、套类基本相同。下面主要讨论盘类齿轮齿坯的加工工艺方案。

齿坯的加工工艺方案主要取决于齿轮的轮体结构和生产类型。

（1）大量生产的齿坯加工

大量生产中等尺寸齿轮齿坯时，多采用"钻→拉→多刀车"的工艺方案。先以毛坯外圆及端面定位进行钻孔或扩孔，再拉孔，最后以孔定位在多刀半自动车床上粗、精车外圆、端面，车槽及倒角等。由于这种工艺方案采用高效机床组成流水线或自动线，所以生产效率高。

（2）成批生产的齿坯加工

成批生产齿坯时，常采用"车→拉→车"的工艺方案。先以齿坯外圆或轮毂定位，粗车外圆、端面和内孔，再以端面支承拉孔（或花键孔），最后以孔定位精车外圆及端面等。这种方案可由卧式车床或转塔车床及拉床实现。它的特点是加工质量稳定，生产效率较高。当齿坯孔有台阶或端面有槽时，可以充分利用转塔车床上的转塔刀架来进行多工位加工，在转塔车床上一次完成齿坯的全部加工。

（3）单件生产的齿坯加工

单件生产齿轮时，一般齿坯的孔、端面及外圆的粗、精加工都在通用车床上经两次装夹完成，但必须注意将孔和基准端面的精加工在一次装夹内完成，以保证位置精度。

（三）齿形加工

齿圈上的齿形加工是整个齿轮加工的核心。尽管齿轮加工有许多工序，但都是为齿形加工服务的，其目的在于最终获得符合精度要求的齿轮。

按照加工原理，齿形加工的方法可分为成形法和展成法。如指状铣刀铣齿、盘形铣刀铣齿、齿轮拉刀拉内外齿等，是成形法加工齿形；滚齿、剃齿、插齿、磨齿等，是展成法加工齿形。

齿形加工方案的选择主要取决于齿轮的精度等级、结构形状、生产类型、热处理方法及生产工厂的现有条件。对于不同精度的齿轮，常用的齿形加工方案如下：

1.8 级精度以下的齿轮

调质齿轮用滚齿或插齿就能满足要求。对于淬硬齿轮可采用滚（插）齿→剃齿或冷挤→齿端加工→淬火→校正孔的加工方案。根据不同的热处理方式，在淬火前齿形加工精度应提高一级以上。

2.6～7 级精度齿轮

对于淬硬齿面的齿轮可采用滚（插）齿→齿端加工→表面淬火→校正基准→磨齿（蜗杆砂轮磨齿）的加工方案，该方案加工精度稳定；也可采用滚（插）→剃齿或冷挤→表面淬火→校正基准→内啮合珩齿的加工方案，这种方案加工精度稳定，生产率高。

3.5 级以上精度的齿轮

一般采用粗滚齿→精滚齿→表面淬火→校正基准→粗磨齿→精磨齿的加

工方案。大批大量生产时也可采用粗磨齿→精磨齿→表面淬火→校正基准→磨削外圻自动线的加工方案。这种加工方案加工的齿轮精度可稳定在 5 级以上，且齿面加工纹理十分错综复杂，噪声极低，使品质极高的齿轮且每条线的二班制年生产纲领可达到 15 万～20 万件。磨齿是目前齿形加工中精度最高、表面粗糙度值最小的加工方法，最高精度可达 3～4 级。

（四）齿端加工

齿轮的齿端加工方式有：倒圆、倒尖、倒棱和去毛刺。经倒圆、倒尖、倒棱后的齿轮，沿轴向移动时容易进入啮合。其中，齿端倒圆应用最多。图 4-11 是用指状铣刀倒圆的原理图。齿端加工必须安排在齿形淬火之前、滚（插）齿之后进行。

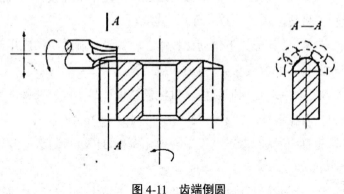

图 4-11　齿端倒圆

（五）精基准的修整

齿轮淬火后，其孔常发生变形，孔直径可缩小 0.01～0.05 mm。为确保齿形精加工质量，必须对基准孔予以修整，修整一般采用磨孔或推孔的方法。对于成批或大量生产的未淬硬的外径定心的花键孔及圆柱孔齿轮，常采用推孔。推孔生产率高，并可用加长推刀前导引部分来保证推孔的精度。对于以小径定心的花键孔或已淬硬的齿轮，以磨孔为好，可稳定地保证精度。磨孔应以齿面定位，符合互为基准原则。

参 考 文 献

[1] 曹淼森. 试析纺织机械的绿色制造技术[J]. 低碳世界, 2021, 11 (11): 153-154.

[2] 曹振, 陈启. 未来机械设计制造及其自动化的发展趋势[J]. 内燃机与配件, 2021 (21): 174-175.

[3] 陈启, 高飞. 现代化机械设计制造工艺及精密加工技术探析[J]. 内燃机与配件, 2021 (21): 184-185.

[4] 陈沿宏, 徐一刚, 刘凯, 等. 机械制造及自动化中节能设计理念的应用探究[J]. 轻工科技, 2021, 37 (11): 43-44.

[5] 陈至欢, 刘云韩. 新形势下自动化技术在机械设计制造中的应用研究[J]. 内燃机与配件, 2021 (19): 155-156.

[6] 崔勇, 石皋莲, 耿哲. 高职院校《机械创新设计与实践》课程的教学设计与实施[J]. 内江科技, 2021, 42 (12): 151-152, 132.

[7] 丁海洋, 王猛. 机械制造工艺设计合理化探析[J]. 今日制造与升级, 2021 (10): 48-49.

[8] 杜仁林. 现代化机械设计制造工艺及精密加工技术分析[J]. 内燃机与配件, 2021 (22): 176-177.

[9] 段俊霞. 探析机械设计制造及其自动化的设计原则及发展趋势[J]. 中国设备工程, 2021 (21): 181-182.

[10] 郭二甫. 信息化管理在轻工机械设计制造中的应用研究[J]. 轻纺工业与技术, 2021, 50 (10): 109-110.

[11] 郭鹤. 《单片机应用技术》课程线上线下混合教学模式研究[J]. 中国设备工程, 2022 (1): 238-239.

[12] 郭俊杰, 喻芸. 计算机仿真技术在机械设计制造过程中的应用: 评

《ADAMS 在机械设计中的应用》[J]．铸造，2021，70（11）：1384．

[13] 郭永凤．机械设计制造及其自动化的发展方向[J]．内燃机与配件，2021（20）：187-188．

[14] 郭宗新，邱德发，张艺宝，等．"新工科"建设背景下金工实训教学改革探究：以济宁学院机械设计制造及其自动化专业金工实训课程为例[J]．科技风，2021（35）：156-158．

[15] 韩昆朋．现代化机械设计制造工艺及精密加工技术分析[J]．农机使用与维修，2021（12）：43-44．

[16] 何万涛，郭延艳，田学军．思维导图在《数控加工工艺与编程》混合式教学中的应用[J]．创新创业理论研究与实践，2021，4（20）：176-178．

[17] 胡峰，肖小峰，余联庆．数控机床和数控技术课程的教学模式研究[J]．福建电脑，2021，37（10）：122-124．

[18] 花亿春．信息时代机械设计制造及自动化分析[J]．中国设备工程，2022（1）：119-120．

[19] 黄建峰．自动化技术在机械设计制造中的应用价值[J]．黑龙江科学，2021，12（22）：116-117．

[20] 黄为民，杨俊茹，杨通，等．基于多元兴趣驱动的机械制造技术基础课程教学方法探讨[J]．高教学刊，2021，7（35）：74-77．

[21] 江劲松．泵设计制造水平提升策略分析[J]．设备管理与维修，2021（22）：105-106．

[22] 姜北晨，郝志勇．机械设计制造及其自动化的特点与优势研究[J]．内燃机与配件，2021（24）：182-184．

[23] 李伟，杨晨，王桂录．OBE 理念下的 CAD/CAM 技术课程教学改革研究：以郑州科技学院机械设计制造及其自动化专业为例[J]．河南教育（高等教育），2021（11）：71-72．

[24] 李新亭．绿色理念在机械设计制造中的渗透分析[J]．内燃机与配件，2021（22）：170-171．

[25] 刘锋，黄长征，黄晨华，等.应用型本科"液压与气压传动"课程知识体系的探讨[J].轻工科技，2021，37（12）：153-154，176.

[26] 刘昊，郝敬宾，刘新华.机械制造工程学课程思政教学内容设计[J].中国教育技术装备，2021（20）：61-62，65.

[27] 刘乐.多元化分析视角下机械设计制造及自动化应用[J].内燃机与配件，2022（1）：211-213.

[28] 刘鹏.提高机械设计制造及其自动化水平的有效途径[J].现代制造技术与装备，2021，57（11）：169-171.

[29] 刘玉芹.机械制造技术基础课程改革建设实践探究[J].现代农机，2021（5）：86-87.

[30] 龙江周.节能设计理念在机械制造及其自动化中的运用[J].农机使用与维修，2021（11）：42-43.

[31] 卢刚.机械自动化设计与制造存在的问题及改进方法研究[J].农机使用与维修，2021（11）：36-37.

[32] 栾婷婷，于超，杨佳奇.增强现实技术在远程教育理工类课程中的应用研究[J].时代汽车，2021（22）：71-72.

[33] 马韬.机械设计制造中机电一体化的应用研究[J].中国设备工程，2021（21）：215-216.

[34] 马勇.节能设计理念在机械制造及自动化中的应用思考[J].冶金与材料，2021，41（6）：149-150.

[35] 马再敏.机械设计制造及自动化专业实践教学的重要性分析[J].农机使用与维修，2021（10）：125-126.

[36] 孟少明，李培，谭海林，等.车用万能电话号码牌数字化设计与制造[J].锻压装备与制造技术，2021，56（6）：89-92.

[37] 苗秋玲，张黎燕.机械制造及自动化中节能设计理念的应用研究[J].现代制造技术与装备，2021，57（11）：172-174.

[38] 牛璐.自动化技术在机械设计制造中的应用[J].内燃机与配件，2022（2）：

203-205.

[39] 欧阳秀兰，李昕.一种基于数控技术的机械用全方位打磨装置[J].广州航海学院学报，2021，29（4）：63-65，74.

[40] 彭冬，陈翱，刘毅.机械设计制造工艺和精密加工技术在发动机中的应用[J].内燃机与配件，2022（2）：200-202.

[41] 仇阳.浅析发动机曲轴检修教学设计与实践：以"课岗融合"模式为例[J].内燃机与配件，2022（2）：250-252.

[42] 施杰，张毅杰，杨琳琳，等.农科院校机械类专业智能制造人才培养模式改革：基于云南农业大学机械设计制造及其自动化专业的实践探索[J].云南农业大学学报（社会科学），2022，16（1）：150-155.

[43] 史向坤.基于机械制造工艺的合理化机械设计分析[J].中国设备工程，2021（23）：138-139.

[44] 宋江，李玉清，王明，等.《机械制造工艺学》课程达成度评价与教学改进[J].农业开发与装备，2021（12）：120-121.

[45] 宋守斌.计算机辅助技术在机械设计制造中的应用[J].现代工业经济和信息化，2021，11（10）：113-115.

[46] 苏芳，王晨升，田巧珍，等.基于课程集群的融合教学模式及实训设计[J].中国现代教育装备，2021（21）：137-139，149.

[47] 苏丽娜.机械设计制造工艺及精密加工技术在纺织机械制造中的应用[J].轻纺工业与技术，2021，50（11）：110-111.

[48] 谈剑，齐洪方.机械制造自动化技术课程融入思政元素的实践[J].现代制造技术与装备，2021，57（11）：208-210.

[49] 王东生，王泾文，王丽萍.应用型本科高校"六卓越一拔尖"卓越人才培养研究：基于铜陵学院机械设计制造及其自动化专业卓越工程师培养的实践[J].职业技术，2021，20（12）：1-6，13.

[50] 王宁宁，石倩，杨加斌.汽车制造的机械设计制造及其自动化技术研究[J].内燃机与配件，2021（24）：191-193.

[51] 王清华.计算机技术在机械设计制造及自动化中的技术创新与应用[J].
内燃机与配件,2022（3）：236-238.

[52] 王小博,仝瑶瑶,仝崇楼.“生产运作管理”课程思政实践探讨[J].科教
导刊,2021（33）：109-111.

[53] 王姚,李汝翀.信息时代机械设计制造及自动化研究[J].南方农机,2021,
52（22）：126-128,132.

[54] 王振宇.节能减排理念在机械设计制造中的应用分析[J].中国设备工程,
2021（22）：61-62.

[55] 韦磊,孙晶,张宏,等.拔尖创新人才实质性国际化培养模式探索与实践
[J].科教导刊,2021（29）：17-19.

[56] 吴楠.计算机辅助技术在机械设计与制造中的应用[J].机械设计,2021,
38（11）：146.

[57] 向召伟,殷勤,张明德,等.面向新工科建设的“机械制造技术”课程改
革探析[J].科技与创新,2021（21）：130-131,136.

[58] 肖亮.试述提高机械设计制造及其自动化的途径及相关特征[J].低碳世
界,2021,11（11）：183-184.

[59] 徐一刚,陈沿宏,刘凯,等.关于机械设计制造及其自动化的发展方向的
探究[J].轻工科技,2021,37（11）：55-56.

[60] 许云,周丽,许峰.“工业4.0”对机械制造及自动化行业的影响分析[J].
中国设备工程,2021（20）：21-22.

[61] 杨阿华,孙卫萍.自动化机械设备研发设计及制造的流程、要点及风险评
估[J].数字通信世界,2021（11）：130-132.

[62] 杨春慧.浅论提高机械设计制造及其自动化的有效途径[J].中国设备工
程,2021（23）：159-160.

[63] 杨茂彬.自动化机械设备设计研发与机械制造创新探析[J].中国设备工
程,2021（21）：255-256.

[64] 杨青原.机械设计制造及其自动化的特点与优势探究[J].机械管理开发,

2021，36（10）：311-312，315.

[65] 杨祥和.绿色设计法在机械设计制造中的应用[J].内燃机与配件，2021
（22）：216-217.

[66] 杨振朝，张广鹏，侯晓莉，等.机床动态性能设计性实验平台构建及实践
[J].中国现代教育装备，2021（23）：53-55.

[67] 于军洁.浅谈机械设计制造及其自动化学科的教学难点及对策[J].天天
爱科学（教育前沿），2021（10）：47-48.

[68] 翟勇波.关于提高机械设计制造及其自动化的有效途径探讨[J].内燃机
与配件，2021（22）：190-191.

[69] 张杰.关于矿山机械制造设计技术主要问题的思考[J].中国设备工程，
2021（23）：258-259.

[70] 张静.探析逆向工程技术在机械模具设计制造中的应用[J].现代农机，
2021（5）：122-123.

[71] 张旻.自动化技术在机械设计制造中的应用探析[J].中国设备工程，2021
（24）：226-227.

[72] 张庆军.论提高机械设计制造及其自动化的有效途径[J].内燃机与配件，
2021（19）：186-187.

[73] 张世学.现代数字化设计制造技术在体育器械设计中的应用[J].机械设
计，2021，38（12）：170-171.

[74] 张文洁.地方应用型高校机械设计制造及其自动化专业生产实习改革
[J].中国冶金教育，2021（5）：84-86，91.

[75] 赵夏瑀，徐卫国.3D 打印建造技术的研究进展及其应用现状[J].中外建
筑，2021（10）：7-13.

[76] 周军晖.轻工机械设计制造工艺及精密加工探讨[J].轻纺工业与技术，
2021，50（10）：101-102.

[77] 邹相宝.自动化与节能设计在机械制造中的应用[J].电子技术，2021，50
（11）：114-115.